花也 I Fiori

时尚 园艺 生活

花园生活精选辑 1

花也编辑部 编

中国林业出版社

"花也"的名称来自于元代诗人许有壬写的"墙角黄葵都谢，开到玉簪花也。老子恰知秋，风露一庭清夜。潇洒、潇洒，高卧碧窗下！""花也"是花落花开，是田园庭院生活，更是一种潇洒种花的园艺意境，是对更自然美好生活的追求。

花也编辑部成立于2014年9月，其系列出版物《花也》旨在传播"亲近自然、回归本真"的生活态度。实用的文字、精美的图片、时尚的排版——它能唤起你与花花草草对话的欲望，修身养心，乐在其中。

《花也》每月还有免费的电子版供大家阅读，登陆百度云@花也俱乐部可以获取。

花也俱乐部 QQ 群号：373467258

投稿信箱：783657476@qq. com

花也微博　　花也微信

花也 I Fiori

时尚 园艺 生活

总 策 划 花也编辑部

主　　编 玛格丽特－颜

副 主 编 小金子

撰稿及图片提供

眼睫的毛　玛格丽特－颜　@无锡－多多　二木　@TT多肉美食花园　@LiLi6800　@mimi米米－童　Sissi　Ayanami_Bay　余天一　石笋坞　@-C-P-　ANA的七楼阳台　Sofia　@药草花园

美术编辑 张婷

封面图片 上海旧弄堂里的英式小花园

封面摄影 玛格丽特－颜

图书在版编目 (CIP) 数据

花园生活精选辑. 1 / 花也编辑部编. -- 北京 : 中国林业出版社, 2017.7

(花也系列)

ISBN 978-7-5038-9146-5

Ⅰ. ①花… Ⅱ. ①花… Ⅲ. ①花园－园林设计 Ⅳ. ① TU986.2

中国版本图书馆 CIP 数据核字 (2017) 第 152114 号

策划编辑 何增明　印芳

责任编辑 印芳

中国林业出版社 · 环境园林出版分社

出　　版 中国林业出版社

（100009 北京西城区刘海胡同 7 号）

电　　话 010-83143565

发　　行 中国林业出版社

印　　刷 北京雅昌艺术印刷有限公司

版　　次 2017年8月第1版

印　　次 2017年8月第1次

开　　本 889毫米 × 1194毫米　1/16

印　　张 7

字　　数 250千字

定　　价 48.00元

播下改变的种子

    2013 切尔西花展上有一个得金奖的花园作品叫："播下改变的种子 Sowing the Seeds of Change"，它所表达的是一个人与自然可以和谐相处的空间。随着社会越来越城市化、现代化、高科技化，伴随而来的是我们对物欲的追求和沉迷。生活和几十年前相比已经发生了天翻地覆的变化，我们在更多享受的同时，却也失去了更多。播下改变的种子，打造一个花园，为家庭成员提供一片可以享受每日悠闲和自然时光的空间。在花园里，我们可以种植花草、品尝美食，亲近自然，也可以玩转园艺、放松和娱乐，找回曾经的自由和快乐。这个园艺作品正是用这样的角度带给我们感动和震撼。

    虽然拥有一个花园，对于生活在城市里大多数人来说太过奢侈，可是即便只有一个小露台、小阳台，甚至只是一个小窗台，只需要几个花盆，培上泥土，播下种子或种上绿植，你便拥有了一个花园小世界，拥有了广阔的自然空间。

    接触园艺的这些年，我深深地感受着园艺带给我的改变。它让我能更多地感受阳光下花儿的欢唱；感受细雨中嫩叶的轻吟；感受落日余晖中芒草那梦幻般的舞蹈；落花、野草、泥土，每一样在眼里都是自然的生命、都是极美，也更痴狂地去拍照，希望用镜头记录下它们的美丽，写下文字，分享给更多的朋友。我享受着这样的生活，也希望更多的朋友可以加入园艺，享受园艺带给我们的美好和乐趣，享受园艺带来生活的改变。

    而我们的《花也》正是为园艺播下了一粒改变的种子。

花也 I Fiori Contents

时尚 园艺 生活

50 球根花卉中的精灵
——Sissi 漫谈酢浆草

72 山野明星——绿绒蒿

88 花园里的蓝莓盛宴

102 有种风景
只愿相望到地老天荒

圆一个咖啡馆的梦想
那里四季鲜花盛开

图、文 / 玛格丽特—颜 眼睫的毛

花园主人：眼睫的毛
花园面积：露台 25+20 平方米
花园地点：北京

有多少养花爱花的女人，像我这样一直梦想着：开一家咖啡馆，摆上各种自己喜欢的花草，这里四季鲜花盛开；可以闲暇时邀很多志同道合的朋友们一起喝茶聊天；也可以在阳光洒满沙发的清晨，捧一本书，闻着花香静静地在窗边坐一整个上午。

——@ 眼睫的毛

清晨的阳光透过窗户照进咖啡馆内

补血草可以自然风干成干花

这是位于北京南锣鼓巷里的一个客栈兼咖啡馆。老式的北京胡同建筑，青砖黑瓦，一楼是咖啡馆，从吧台后面上楼就是客栈了，房间不多，多数时间都是爆满。我运气很好，和睫毛预定的时候，正巧那天有个房间是空的，便住上了。房间装修很简单，在布置上却别有用心，桌子、床、大红漆的床头的矮柜，都是睫毛从北京各个旧货市场费心淘来的，特别古朴的韵味。

一楼是咖啡馆，晚上人头攒动，音乐和灯影下很是热闹。第二天清晨，下楼吃早餐，北方9月的阳光有些清冷，透过玻璃窗，洒在桌面上，温暖而宁静，一旁有几个客人在安静地看书，或者就直接斜靠着睡了过去。我找了个角落坐下来闻着百合淡淡的香味，吃睫毛赠送的早餐，酸奶水果色拉和一些点心，树叶被窗外的阳光照着，闪闪发亮。虽然已经是去年的事情了，那一刻的享受，却一直盘旋在脑海里，每每想起，便感觉阳光在心底的某一处蔓延。

北平咖啡的
温柔时光

咖啡馆的门口，绿植和鲜花搭配得琳琅满目

咖啡馆一角，一棵巨大的滴水观音

前几天和一个特别热爱种花的好友聊天，她说：我们也开一个这样的咖啡馆吧！可以按自己的想法布置得美美的，可以姐妹们在一起聊天。就是睫毛的北平咖啡这样吧，多好啊，我也想呢！

可是这其中的艰辛和汗水，我不知道自己是不是可以承受。

从开始的选址、签合同、装修、买各种的家具摆设装饰、厨师和服务员的到位……辛苦了好几个月，终于开业了，继续面临着工商、税务、同行的麻烦……等这些都搞定了，还有日常的经营维护管理。生意好的时候忙得焦头烂额、生意差的时候便更要担心了。能像睫毛一样坚强和能干的女人，能有几个呢？

屋顶露台上，铁线莲和藤月爬上了白色的木篱笆墙

窗户上方悬挂着一排干花

紫色的洋桔梗增添了一份浪漫的气息

开店的故事 更像个传奇

大学毕业后，睫毛并没有急着找工作，她说：我不知道自己想干什么呢。所以她背起行囊，开始到处走，跑了很多地方，住了很多各种的客栈。突然她有了主意，她要开一个有特色的客栈。所以回到了北京，开始到处选址，又是跑了好几个月。选好了地方，开始设计装修……没有钱，借！又忙乎了好几个月，终于一切都落停，客栈也开始营业。没几天有人上门了"你的营业执照呢？"啊？还要营业执照！再停业，办各种的执照、许可证……生意好了，原来的房东看着

眼红，续租时不可思议的抬价，就是为了把睫毛赶走，自己经营。睫毛说："算了！我另外找地方好了。"于是又找地方一切从头开始。

我听着，突然就眼眶红了。我所看到的睫毛，黝黑的皮肤，长长的卷发，飘逸的长裙，永远都是那么富有感染力的笑容，露出洁白的牙齿。她的眼泪都躲在了背后，坚强地顽强地笑着面对一切！

北平咖啡一楼，桌上的鲜花一直保持着最美的样子，经常睫毛清晨4、5点钟就赶到花市去采购，却忙碌到深夜。

布满鲜花的角落

我所看到的睫毛，黝黑的皮肤，长长的卷发，飘逸的长裙，
永远都是那么富有感染力的笑容，露出洁白的牙齿

咖啡馆的顶上一处喝茶的阳光暖房

盛开的蓝色梅和荷兰菊

北平咖啡的
露台 花园

客房有楼梯直接通到露台

悬挂在护栏上的花架

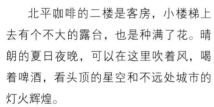

清晨和黄昏，是露台最惬意的时刻

　　北平咖啡的二楼是客房，小楼梯上去有个不大的露台，也是种满了花。晴朗的夏日夜晚，可以在这里吹着风，喝着啤酒，看头顶的星空和不远处城市的灯火辉煌。

　　露台的四周，除了最寒冷的的冬天，几乎每个季节都是鲜花不断，九月的北京，盛开的是菊花、八宝景天、四季海棠、蓝猪耳，还有绿色的绣球'安娜贝拉'。

　　露台的蒸发量很大，尤其是在干燥的北京。即使没有咖啡馆，没有客栈，只有这么一个小露台，想要花草们保持这样的美美的状态，也是需要不少的精力。每张桌子都配有一把大的太阳伞，白天阳光强烈的时候，撑开大伞，阴凉

阳光房里的阳光格外明媚

干枯的莲蓬也是别致的摆件

惬意的清晨时光

中又享受阳光，也是很多老顾客喜欢坐在这里的原因。

　　露台上还有一个小小的阳光房，里面也布置了吧台，有个小楼梯可以通到楼下的咖啡吧。阳光房里是睫毛收集的各种宝贝，石磨、茶杯、笔筒，干枯的莲蓬也是别致的摆件！当然，这里也是肉肉们挡风遮雨，又沐浴阳光的好地方。

　　阳光房里还有两个大蒲团，边上放着多数是园艺类的书籍。有朋友来的时候，睫毛会带她们到这里，一起喝茶，旁边还有一套很好的音响，放着喜欢的音乐，尤其是有阳光的寒冷季节，这里却温暖地想要睡着。

　　那天早晨起床后，一个人在这里拍照。本来白天和夜间都很喧闹的南锣鼓巷，清晨分外安静。9月的北京，已经有些凉意，天蓝得透亮，少有的干净清澈。在蒲团上坐了下来，阳光有些刺眼，眯起眼睛，一旁的肉肉们在阳光下闪亮闪亮的，和我一样享受着这份宁静和快乐。

盆栽的蓝雪花盛开在夏日

屋顶外侧紫色的千屈菜

充分利用的屋顶

木槽里的多肉植物

屋顶上小小的秘密花园

秘密

屋顶上的

花园

　　前年暑假我特地带着孩子们来到南锣鼓巷北平咖啡，让她们感受下北京的老胡同文化，门口的南锣鼓巷各种吃的卖的都有，煞是热闹。不想，孩子们却更喜欢灿烂温柔的睫毛姐姐，和她屋顶上的秘密花园。

　　这个秘密花园是睫毛当年早春建造的。为了开发更多屋顶的利用空间。于是在防水层上架了防腐木的地板，便有了更多种花种草的空间。这个位置就在客栈进到露台的入口上，写着"不对外开放"，有小栅栏围着。孩子们很兴奋地从小缝里钻了过去。睫毛说："这是秘密花园哦，一般人都不可以进来的。" 小女儿瑞恩说："晚上我要在秘密花园里看星星！"

　　屋顶的地势比较复杂，一栋栋老房子高低错落的，也难为睫毛能如此充分地开发，顺势用铁架子搭出木头的台子、小通道等。

花儿们沐浴在夕阳下

天竺葵和福禄考的花季

角落里的小水壶也成了一景

　　要不是屋顶实在太晒，又不方便搭遮阳棚或遮阳网，不然这里做育苗区实在是很好的。这样，客栈和露台上的花草们就不需要全部从花市去采购，也可以种些自己喜欢的品种。

　　屋顶上，已经是大苗的松果菊、天竺葵、福禄考等在暴晒雨淋下很凌乱，千屈菜却是很好，从池塘搬到了这里，不怕湿、不怕晒地开着修长优美的小花穗。表现不错的还有穗花婆婆纳、金鸡菊、百里香。

　　翻过屋顶，穿过小道，还有一处更秘密的花园。睫毛说：这是她的私人地盘，每一家店，她都会布置一个完全属于自己的私人空间，可以在这里看着花草发呆，放松自己。

　　所有客栈的花草采购、养护都是睫毛自己来的，服务员也就帮忙浇水，因为都不太懂种花。还有修剪、布置，也需要占去很多时间。不过，工作忙碌之余可以到屋顶种花，却是睫毛每天最幸福的事情了。花草，不仅悦目更可以养心，这种感受我了解！

CLUSTERIA
上海旧弄堂里的英式小花园

图、文／玛格丽特—颜

进入 Clusteria 工作室的台阶上，盆栽组合的布置。

身处这一片绿色的宁静之地，听见花开时的声音，连时间似乎也停住了脚步，感受美的淳朴与自然。

花园主人：@AKKClemtis

花园面积：30 平方米

花园地点：上海太原路 25 弄

闹市中的幽静之所

这里是老上海的市中心，靠近音乐学院，马路不宽，两边都是茂盛的梧桐，车水马龙、熙熙攘攘中依然是一派大都市的繁华。这里保留有不少 20 世纪初的老洋房，AKK 新开的花园工作室便在其中。

早春的下午，我随着主人 AKK 穿过太原路的小弄堂，一路不少带着花园的小洋房，里面三三两两盛开着各种花儿，还有一棵凌霄，已经绕着大树长到了三四米高。前方拐角处突然闻到一阵花香，我不由地微笑起来，应该已经到了吧。果然，溯香而上，映入眼帘的是一条种满各类宿根花卉的彩色小径，几丛金叶的小金雀生机盎然，纯白色的洋水仙摇曳其中，顿时感觉进入了另外一个时空。

小径的尽头，两扇虚掩的木制篱笆小门，里面便是 AKK 隐于大市的 CLUSTERIA 工作室花园了。

小花园的大智慧

AKK 说："刚租下这个房子的时候，这个荒废的庭院几乎是一片空地。"因为前主人没有对庭院做任何规划。在设计初期考虑到需要有一个小型花境展示各色庭院植物，AKK 辟出了一块花境种植区，用弯曲小路作为镶边，也让小花园空间感更强。连接小路两头则布置花园平台作为休憩空间，另一侧则是砖砌白色花园椅。一个从功能出发，但却同时兼顾美观的花园，就是好的花园设计。

低维护的花园植物，也是 AKK 在配置花境植物的首要考虑。从前至后，从高到低的配置植物，同时要注意各个植物的花期选择，不同休眠期的植物组合运用，最后色彩选择上做到整体统一，局部使用特殊色彩点缀。比如在花境后部选用比较线性的西伯利亚鸢尾花、火星花、灰蓝色的叶片搭配前部比较低矮的雪顶金雀、千叶兰、薰衣草等等。较为大些的花境内则用了小灌木和多年生宿根植物，AKK 选择了近期较为流行的矾根、玉簪与铁筷子，矾根、铁筷子夏季休眠而玉簪冬季休眠，时间上可以互补花境的色彩。

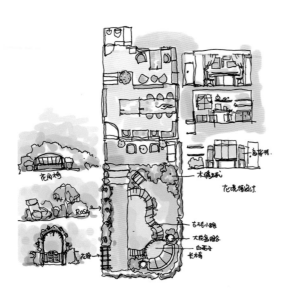

平台下，有一小块石子区，布置着一把白色的
花园椅，靠垫的色彩也调整着整体花园的色彩

听见花开的声音

院子比想象中精致很多，院子的门上攀爬着铁线莲与欧洲月季，篱笆前整列6棵棒棒糖橄榄树一字排开，似乎在迎接每一位访客的到来。另一边布置有一块小小的草地，草地的边缘连接小径，小径边缘则是一片彩叶植物组合的四季花境：金边的熊掌木、花叶络石、花叶蔓长春等，花境里还散置着不少鹅卵石，自然野趣的同时也让植物通风透气。花径的红砖围边则自然过渡到带图案的红砖砌出的小径。而一旁茵茵的绿草地，犹如一袭绒毯，相映成趣。花境的一侧是一个别致的自制花园椅，是 AKK 亲手设计、用旧砖块搭配防腐木制成，不仅可以方便休憩，更是成了花园的一景。另一侧则是通往工作室室内的花园平台，平台上摆放着一些盆栽植物，在白色的背景墙前尤为出彩。花园平台上还有用防腐木制作的操作台，方便平时移栽换盆等操作。平台下还有一小块石子区，布置着一把白色的花园椅，靠垫的色彩也调和着整体花园的色彩。

店内亦有着各式欧风古董杂货，绘有花仙子的骨瓷盘，似乎像是从花中走来……

身处这一片绿色的宁静之地，听见花开时的声音，连时间似乎也停住了脚步感受美的淳朴与自然。

Clusteria 源自词根 Cluster，有聚、群、丛、簇之意，寓为林木繁盛、花草聚集之意。名字本身传达的是对园艺化生活的理解和认知。除了插花交流以外，工作室还可以预定花束、盆栽组合、古董杂货等。

这一处的休憩角落，是 AKK 亲自设计，用旧红砖搭配防腐木砌成

多多的月季花园
在江南山间悄然绽放

图、文 / @ 无锡 - 多多

花园主人：@ 无锡 - 多多

花园面积：1 亩

花园地点：江苏无锡

在我的心里，花园应该是丰富多彩、充满生机的农家花园，有花果，有鸡鸭，有鱼虾……

高低错落的矮墙，既可以做花园的小隔断，也可以做绿植布置的背景墙

多多花园诞生记

虽然是工科出身，但是一直以来，我对园艺种植都有着浓厚的兴趣，想要建造一座自家的花园。其目的：一是为了父母能够安享晚年；二是结合自己的兴趣爱好，能够为自家人提供一个美丽、舒适、温馨的生活环境。

在我的心里，花园应该是丰富多彩、充满生机的农家花园，有花果，有鸡鸭，有鱼虾……

现在这处花园位于无锡近郊的山区，气候非常好。院子之前是块茶园，和左邻右舍一样，种了很多茶树。不过，父亲很喜欢种花，他在花坛里种了些蜡梅、含笑、本地月季、芍药之类的。我想，这兴许就是我喜欢园艺的原因吧。后来偶然在网上进入了花友这个圈子，才决定把花园的梦想变成现实。2010 年的中秋，我开始行动起来，把自家原来的茶叶地逐步改造，建设成了今天的多多花园。

穿过爬满凌霄的花园门，就来到了花园的中间区域。青石板路两旁除了月季，还有铁线莲、绣球以及各种宿根草花

扩大休闲区

起初的花园1亩见方，历时五年，现已逐步扩大，花园也一直在按照自己的梦想逐步改造和变化中。

花园的中间是种着凌霄垂帘的花园门，石板路的两旁是各个品种的月季、铁线莲和绣球，还有梨、桃、枇杷等果树。春天的时候，小路旁的花境盛开的是绣球、旱金莲和酢浆草，沿着小路行走在花园里，阳光透过树叶落下斑驳的影子，很幸福的时刻。

花园的左侧穿过月季花门，今年布置了一块更大的休闲区域，有三个层次，

第一部分是木制的桌椅；再往前是烧烤区，石榴树下、山茶旁可以举办烧烤、品茶等不同类型的私人聚会活动；再往前正好连接到之前就布置的石头磨盘区。从外面农村或者旧货市场里淘来的那些有意思的石器也主要安排在这里。

小池塘是最早设计的时候就布置好的，一个小水池，不仅可以养鱼、虾，睡莲和很多水生植物也使院子里的物种更丰富。池塘里的水也可以为花园的灌溉发挥巨大作用。当然，有了池塘的院子更有灵气，也给院子提供了更适宜植物生长的温度和湿度，形成一个让植物更自然生长的小环境。

花园右侧的池塘前面，特地做了以矾根和玉簪为主的花境。这两种植物品种都很丰富，各种颜色搭配出很丰富立体的效果

草坪和矾根小景

花园的右侧，之前是一些柱子和廊架，种了很多的铁线莲，像是一道道铁线莲的花门，穿过花门进去则是一条葡萄的长廊。今年也做了改建。一条石板的小径，通往中心的草坪区，一把秋千摇椅，一张休闲躺椅，你可以悠闲自在地荡着秋千或靠着躺椅欣赏花园的美景，感受花园的生气。一旁还有种植的很多果树，我喜欢的花园是纯自然的，接地气的，四周爬满了各种月季、蔷薇和铁线莲。

因为喜欢玉簪和矾根，在池塘再往前的位置，今年还特地新做了一块花境。本来那边有棵橘子树，玉簪喜阴、矾根不喜欢积水，便抬高土壤堆了个小坡，周围用石块围边。

现在院子又往前扩了1亩地，计划布置更多的休闲区和花境，可以种植更多喜欢的花草，院子的改建似乎永远没有尽头。

石块小路的一侧是水沟，另一侧则是旱金
莲、鼠尾草、酢酱草等搭配的草花花境

这几年花园收集了无数的月季品种，爬藤的、直立的、欧洲的、国产的……
月季花开的季节，像要把院子撑爆

我为月季狂

院子里最多的还是各种品种的月季，是这些年到处收集来的。在刚建设院子的时候，就从网上去淘藤本月季，结果第一批还是宿迁货，虽然有些被欺骗，看着盛开的蔷薇也是美美的。后来又在虞城那里买了国产藤月，直到第二年的5月在虹越无锡的园艺家看到了欧月，立刻就被吸引了，买了2棵大的，之后就一发不可收拾，开始了收集欧月品种的疯狂。现在院子里的月季品种已经太多了，也懒得去统计，唯一确定的是这个院子早晚会被我种满。

月季需要比较好的通风，所以围着院子的一圈栏杆都种上了藤月，每年春天开得极其疯狂，每天剪下很多做插花，也送给朋友。更多的是那些来不及剪的，花瓣落满厚厚一地，因为太多，也懒得收拾，权当作肥料了。

之前在院子的前面，大概200平方米的空间，还有更多的月季品种，包括不少扦插的小苗。开头是因为经常有花友想要分享，于是部分地扦插繁殖，苗也变得越来越多。

享受花园生活

经常忙碌着来不及好好欣赏花儿的美丽。不过，劳动是一种享受。有时收集到自己喜欢的品种的花草更是一种享受；看父亲剪下新开的月季和邻居分享是一种享受；看着妻儿在草坪上欢声笑语是一种享受。一起在开满花的院子里看书、喝茶、聊天、听音乐，以后还要让我儿子在花园中弹钢琴我听。

还有分享更是一种享受。

起初的两三年处于基础建设中，近两年我才陆续地邀请朋友到园中游玩。今年，我的朋友在园中举办了花艺活动。他们现场剪，现场插，富有生气的花儿让整个花艺活动充满勃勃的生机。

花园正在一步步向前发展，逐步扩大、走向完善和成熟。今后可以在花园里举办各种活动，诸如：摄影、下午茶、音乐会等等。有了这座花园，生活的内容丰富了，生活的品质提高了，自己和家人能够拥有这样一个美丽、舒适的生活环境让我觉得很温馨，也很实在。花园的打造给我带来了很多美好，我觉得自己的生活都是充满生机的！

二木花园
一个关于园艺的梦想

图、文／二木

二木花园对我来说，是自己的一个梦想，同时又是实现另一个梦想的桥梁。为什么要说得这么绕口呢？常看我博客的朋友会比较了解，我很早以前就一直想有一个属于自己的花园，一个园艺工作室。经过近两年的努力，终于实现了。

二木花园的建设

作者简介

二木 本名肖杰，网名二木、二木花花男。园艺畅销书《跟二木一起玩多肉》上、下册作者。80后，标准多肉控、多肉种植达人。热爱大自然，喜欢动物和植物，是一名"中毒"至深并无法自拔的园艺爱好者，梦想成为一名考古学家和植物专家。

二木花园对我来说，是自己的一个梦想，同时又是实现另一个梦想的桥梁。为什么要说得这么绕口呢？常看我博客的朋友会比较了解，我很早以前就一直想有一个属于自己的花园，一个园艺工作室。经过近两年的努力，终于实现了。有了这个园艺工作室的平台，让我能够把以前考古学家以及植物学家的梦想慢慢变为现实，这也是我现在正在去实施、实现的事。这一切并不是要证明什么，记录下这些成长过程，是想让大家看到，梦想还是要有的，但不是光去想，动手实干才会让自己离梦想更近。

我们是在2014年5月1日才最终确定花园的地点，并开始建设的。虽说每个城市的空地都很多，但能够达到自己要求的还真不好找，花了近一年的时间才确定选址。这里原本是一片蟠桃采摘园，很老旧的冬暖棚（北方大棚），起初进入花园虽然是一片荒芜、但在我眼里却是梦想的开始，每天都像打鸡血一样的在里面建设布置着。初期由于还没有雇佣晚上看护花园的大叔，每天守夜的任务是花园小伙伴轮流值岗，特别是我把自己露台里的多肉植物都搬到花园后，让我经常担心安全问题。正巧5月又是植物栽种的最佳时机，曾经连续3个通宵在花园里种花布置，这种疯狂是以前完全不敢想的。

另外花园的初期建设都围绕着"安全"进行，因为威海每年四季的风都很大，冬季还会下很厚的雪，所以安全性是最重要的。需要加固大棚架构、防水处理、防锈漆处理，棉被保暖等，整个园区近4000平方米安排了两位专门负责工程维护的大叔在进行这些工作。

2014年，二木花园建设进行中

二木花园分为四个区域：销售区、休闲区、二木工作室以及户外休闲中心。工作室里面是二木养护多年的多肉植物；休闲区的布置则尽量生活化，让客人感觉轻松

我更愿意叫它花园

为什么我不叫大棚，而称为花园呢？

我一直认为多肉植物是一种很美丽的植物，不愿像种菜一样的方式去种它们，更希望用各种漂亮的花器、小景来表现这些植物的美和特点。当然，一个花园不可能所有植物都是多肉，也不能全都用植物来覆盖，所以在花园里也根据位置、光照等环境，分别布置了许多不同的植物与各种园艺小摆件。

基础工作完毕后，花园的内部规划就比较简单了，把花园分成了4个区域。大棚内：销售区（占2/6空间）、休闲区（3/6空间）、工作室（1/6空间），大棚外的区域也被改造为花园休闲中心。外部全部采用庭院植物来布置，我喜欢的藤月、铁线莲、绣球、矾根、三叶草以及其他宿根植物等；而内部则几乎全部使用多肉植物来进行景观布置，特别是在休闲区域，运用了各种旧物改造与多肉植物结合的元素进行布置。

休闲区里面蓝色的背景墙装饰，让花园呈现出地中海的风格，背景墙上面的装饰也丰富了花园的空间层次

分享快乐 分享梦想

在花园休闲区与还设置了茶饮吧台，咖啡与茶水是完全免费的，但是需要自己动手。而最前面销售区也设置了DIY专区，培养大家动手能力。这两个区域也是运用了国外的概念，让大家能够更加放松地、自由地感受园艺的乐趣。其实很多时候我们在园艺方面并不弱，只是动手能力差一些。

而最里面是我的工作室区域，摆放的则是我自己栽种的多肉植物，有5年

前买入的小苗，现在已经成长为大树的。也有在繁殖的大棚里捡来的病号，还有一些自己买入的品种。这个区域是被我完全分隔开来的，里面的多肉植物都不卖，它让我的初衷得以保留和延续。有时也会叶插一些小苗和爱好者进行交换分享。现在还有一些自己杂交播种出来的小苗与好友分享着，这个区域也是我每天呆得时间最长的地方。

时隔一年半，花园现在的变化简直

翻天覆地，大伙儿一起经历过狂风暴雨、冬季大雪清扫、夜里独自一人支帐篷睡在花园里等各种趣事。每次回想自己与小伙伴们亲手打造的过程，都觉得这是宝贵的经历与财富，是曾经坐在办公室里的自己永远感受不到的。

所以，有二木花园，我们很快乐，很知足，也希望能够把自己实现梦想的经历分享给每一位正在实现自己梦想或者准备去实现自己梦想的人们。

六大要点
让你的天竺葵顺利度夏

文 / @TT 多肉美食花园 @ LiLi6800

图 / @ 玛格丽特 – 颜

天竺葵是非常理想的户外花卉，花期超长，而且耐寒耐晒，尤其适合露台和阳台一族，欧洲很多国家的"鲜花窗台"，种的植物大多就是天竺葵。

但是在严夏，对于小天来说，也是一次考验。生命比美丽更重要，只要能让小天度过炎炎夏日，她将还你又一个灿烂的秋日春分！

6~8月天竺葵处半休眠期状态，此时不需要肥料及过多水分，闷热和潮湿所导致的烂根和茎腐是小天仙去的主要原因。

要点：通风、避雨、适当阴凉、适量控水。

一、通风、避雨

保持叶面干爽的有力保证，减少霉菌的滋生几率，叶片及根系可以呼吸新鲜的空气，从而达到控制介质的干湿程度。

二、适当阴凉

正常的光合作用使小天植株健壮，也是她度夏的有力保证。清晨至午间，气温相对较低，是小天能够得到日照的最佳时机。进行光合作用的同时，阳光还可以杀死霉菌。中午气温逐渐升高，置小天于阴凉通风处。

三、适量控水

创造干爽的条件，是半休眠小天度夏的关键。浇与气温相近的清洁水，夜间至清晨为浇水的最佳时间。可用直接浇灌介质和浸盆2种方法，保证了由于疏叶修剪后造成的伤口不接触到水分，致使伤口在干净环境中结疤。

四、疏叶

修剪掉老叶、黄叶、病叶、大叶及残花败梗，致使叶间、茎间保持良好的通风环境，同时减少养分流失。

五、药物消杀

夏季湿、热、闷时，叶面及枝茎易滋生霉菌，用百菌清、多菌灵等杀菌药的稀释液喷施叶茎、浇灌介质，预防叶腐和茎腐。

六、浸盆浇灌法

长期浸（坐）盆会使水分中的无机盐堆积在介质中，量大就会灼伤根系，所以此方法仅限于夏天使用。最好做到一盆一水，避免病株感染其他植株。

通风、避雨、干爽的环境是天竺葵度夏的关键

我是园丁
米米教你来施肥

图、文 / @mimi 米米－童

作者简介

米米，新浪微博 @ 米米 mimi－ 童
80 后，化学专业女人一枚，家住
浙江北部太湖边的湖州市，2010
年初疯狂地爱上了种植，从最热衷
的铁线莲到越来越多人喜爱的多肉
植物，家中已俨然成了一个花圃。
喜欢把种植过程、生长过程记录下
来，亦或是将小小经验写出来，既
可以和花友们一起探讨种植难题，
又可以结识更多的朋友，这是非常
减压的生活方式。

冬季是园丁们可以为园艺基础知识充电的好季节，
这里我们就讲讲肥料以及它们的组成和使用建议吧。

现在的市场上有许多针对家庭园艺开发的肥料产品，我们该如何为家中的植物们选择，这是今天要讲的重点哦。

第一个问题：
使用哪种肥料？

通俗的说，凡是为提高作物产量和产品品质、提高土壤肥力而施入土壤的物质都叫肥料。按来源可以分为自然肥料和工业肥料；按作用可以分为直接肥料和间接肥料；根据肥效的快慢可以分为速效肥料、缓效肥料、迟效肥料、长效肥料等；植物在生长发育过程中，需要碳（C）、氢（H）、氧（O）、氮（N）、磷（P）、钾（K）等 16 种元素，仅含有一种养分元素的叫单一肥料，含有两种及两种以上养分元素的叫复合（混）肥料。

种类	形成方式	主要优点	主要缺点	解决方案
有机肥	主要以各种动物遗体及其排泄物和植物残体，经过一定时期发酵腐熟后而形成。主要有堆肥、沤肥、厩肥、沼肥、绿肥、作物秸秆、饼肥、人畜粪便等。	1. 原料来源广、成本低，大多可以就地取材； 2. 有机肥料中养分全，且多为有机态，不易损失，肥效长； 3. 能改善土壤结构，增强土壤保水、保肥能力。	1. 传统的有机肥的积制和使用不方便； 2. 原来可能含有许多病原微生物，或混入某些有毒物质； 3. 家庭使用容易滋生虫害，且气味较重。	1. 购置专用的沤肥桶，加入 EM 菌，自制有机肥； 2. 购买加工好的成品有机肥。
复合肥	含有两种及两种以上养分元素的肥料叫复合（混）肥料，至少同时可供应作物两种以上的主要营养元素。	1. 结构均匀，养分释放均匀，肥效稳而长； 2. 节省包装、贮存、运输及施用等费用； 3. 物理性状好，副成分少，对土壤性质很少产生不良影响。	1. 复合肥料养分比例固定，不能完全满足各种土壤、作物对养分比例的不同要求； 2. 难于满足不同养分最佳施肥技术的要求。 3. 速效肥肥效持续期极短； 4. 总体价格较有机肥高。	针对不同植物选购特定的复合肥： 1. 植物的苗期和观叶为主植物选用氮肥较高的复合肥； 2. 花卉植物选用磷钾含量较高的复合肥； 3. 植物的不同阶段，使用元素配比不同的复合肥。
缓释肥	复合肥的一种，通过各种调节机制，使养分按照设定的释放模式（释放率和释放时间）进入土壤。肥料外面加以对生物和化学作用等因素不敏感的包膜通常被称为控释肥。	1. 肥料用量减少，利用率提高； 2. 施用方便，省工安全，且不易产生肥害； 3. 增产增收，施用后表现肥效稳长。		
速效肥	复合肥的一种，与缓释肥相对。	易溶于水，施后能立即为植物吸收利用，见效极快。		

第二个问题：如何使用肥料？

一般我们将肥料的使用分为基肥和追肥。

基肥也叫底肥，是指在播种或移植前施用的肥料。主要是供给植物整个生长期所需要的养分，为作物生长发育创造良好的土壤条件，同时也有改良土壤、培肥地力的作用，一般使用有机肥或缓释肥（控释肥）。

追肥是指在作物生长过程中加施的肥料。追肥是相对基肥来说的，是指在播种或移栽作物之后，在某些特定的生育期施肥，供应作物该时期对养分的大量需要，或者补充基肥的不足，以促进营养生长或生殖生长，达到最佳的生长状态。一般使用速效肥进行追肥。多年生植物，若不进行移植或翻盆，每年冬天都应该追加一次有机肥或缓释肥（控释肥）。花期较长的植物，如月季，除了冬季施肥和日常追肥外，还应该按照使用的肥料的肥效，在春秋季节追肥。

目前家庭园艺中使用较多的肥料品种主要有：翠筠、爱丽思、奥绿（及其旗下花多多系列）、美乐棵等品牌，采购和使用均便捷，只要我们科学的使用，就能让我们的植物长得更苗壮。

5 月 4 日的枫叶天

5 月 5 日天竺葵洛雷塔

6 月 5 日的百万小玲

5 月 12 日的大花天

5 月 12 日的大花天

8 月 21 日的怡锦

10 月 4 日的蓝雪花

7 月 8 日的天竺葵

生态花园系列
健康可持续花园

图、文 / 玛格丽特—颜

一个花园，是一个小小的自然世界，春夏秋冬的四季更迭中，花园有着自己的节奏，而园丁，作为花园的管理者，我们要了解、并遵循自然的规律，维护好花园的生态系统。

关于生态园艺

园丁要学习的是怎样与自然和谐相处。土壤、植物以及花园中所有的生命都需要天然的动态平衡，所有园丁的行为、昆虫的活动以及植物的生长都会影响自然进程。春天，万物生长；夏天，昆虫在忙碌地劳作；秋天、落叶铺满地面，带来丰富的有机物覆盖层；而冬天的寒冷，让植物休眠，土壤、昆虫都在自然调节。花园在一刻不停地变化着，生态园艺便是保持平衡的生态环境，让花园健康并可持续。

花园的生态系统

1. 状态良好的土壤；

2. 自然生长的多样化的植物，甚至包括杂草；

3. 保持生物的多样性，包括作为授粉者的昆虫、食草食肉动物，甚至寄生虫等；

4. 稍微留些混乱的空间，创造群落环境；

5. 花园是我们生活的一部分，植物生长凋零、季节变幻、土壤改变……记住，园丁只是花园的管理者。

生态花园管理者守则

1. 不使用人造肥料；

2. 不使用防虫防病的化学制品；

3. 了解花园的本有环境，尽量不去改变；

4. 模仿大自然的园艺环境花园，保持花园的生物多样性；

5. 选择植物的时候考虑土壤、气候，和当地环境的适应性。

也许，我们对大环境无能为力，但至少，我们可以让自己家的小花园更为健康、生态，回归最初的自然。

生态花园系列
了解花园的土壤

图、文／玛格丽特—颜

土壤是在气候、物质、植被（生物）、地形、时间综合作用下的产物。它固定植株，并为植物的根系提供水分和养分。地球上的生命，无一例外地依赖于健康的土壤。

要了解土壤，我们需要先了解土壤的成分。土壤的固体成分包括矿物质、有机质和微生物等。矿物质成分会对植物的生长产生不同的影响；微生物则能分解有机物，让植物更好地吸收；所以需要经常添加有机物，以免变得干旱、贫瘠。一个状态良好的土壤，必须富含丰富的腐殖质、保水保肥、排水透气，且酸碱度适中。花园是个相对封闭的生态系统，尽量减少使用化学用品；以植物废渣为主的肥料滋养产生健康的土壤；利用有机物的覆盖物保持土壤温暖、潮湿和养分，保护土壤中的微生物，创造一个可持续的生态花园。

豆科紫云英

土壤里的营养元素

氮（N）：促进蛋白质和叶绿素的形成，帮助枝叶的生长；

磷（P）：促进植物根系的生长，利于更好地开花结果；

钾（K）：帮助植物壮苗，开花结果，来源于腐殖质；

土壤还需要其他微量元素：帮助植物生长的钙（Ca）；增加叶绿素成分的镁（Mg）、铁（Fe）和锰（Mn）；增加植物抗病性的硫(S)；一定量的铜(Cu)能促进生成蛋白质；而作为酶的活化剂，

促进植物生长，锌（Zn）和硼（B）会比较重要。

除了花园土壤自身含有的营养元素成分，我们还需要利用腐殖质、堆肥、动物尸体、豆科植物、灌溉等增加和调节花园土壤恰当的营养元素比例。

土壤污染

建筑垃圾、工业废料、过度地使用无机肥料，以及因为空气污染后降雨产生的各种土壤有害物质，都让我们花园的土壤受到污染，不再健康。

应对和改良

1. 选择耐污染的植物，利用植物的修复作用，并让土壤自身过滤循环；

2. 利用花盆或花坛等容器种植，使用干净的土壤；

3. 污染严重的情况下种植观赏性植物，而不是可食用的水果蔬菜；

4. 增加腐殖质的比例，保护土壤里的微生物，特别是菌类，能有效分解污染物；

5. 减少使用化学用品，利用绿色肥料，三叶草等豆科类植物可以改良土壤；

6. 轮作和休耕是改良土壤的传统方式，花园里也可以局部分块地进行；

7. 不要频繁地翻土，可以让土壤里的微生物免受打扰；

8. 利用合适的地面覆盖物来改良土壤。

园艺工具推荐
园丁们的宝贝利器

文／玛格丽特－颜 图／黑‖白

种花已经有十几个年头了，每年会有很多时间在院子里劳作，自然也用过很多园艺工具。毫不夸张地说，园艺工具对于园丁，相当于工兵的武器，或者摄影师的相机。园丁劳作的时候，一个称手的工具，是能带来愉悦感的。

翻地整地"铲"当家

我的"修剪艺术家"

刚有院子的时候，为了去除混杂在院土里的建筑垃圾，在当时的欧倍德园艺超市买了一把德国进口的铲子，沉甸甸的，却是非常好用。用力踩下去，能挖出一大块土来，还可以用来把土块敲碎，整理沟畦。钟点工阿姨翻整自家菜地的时候也忍不住借过去。这把铲子一直用了十几年，为玛家小院的美丽立下了汗马功劳。

整洁又层次分明的花园，随意的插花装饰，处处能体现出主人的风格。因此修剪硬枝、枯枝剪时，就是考验主人真功夫的时候。用轻巧的剪子修枝整形，让植物们更好地生长。能够根据不同的手型大小调节适合的尺寸，这样使用方便的剪子也能让园丁感受到修剪的畅快。

最喜欢的是一把橙色的修枝剪，是一次给虹越园艺家写稿，代替稿费寄过来的。轻巧锋利，小到去除花枝残叶，大到半厘米直径的枝条，都可以轻松剪除。没事的时候，常常便会提着在院子里晃悠，看哪里需要修剪了，剪起枝落，看着美丽的花园，园丁也快乐着。这把剪子用了很多年，是搬家的时候唯一带去新家的园艺工具。那把剪子，陪伴着院子的花开花落，记录着园丁的成长故事，它早已经不只是一个物件。

移动水管车随时给植物"解渴"

种花的关键是浇水，所以浇灌的工具非常重要，如果水流太急，盆土容易被冲走，也会把花瓣打落。另外，一个方便移动的水管车，可以让园丁很容易地照顾到院子的每一个角落。而到了夏天，给整个院子喷水，还可以降低温度，让植物们更容易度夏。

省心贴心的小物件

　　小面积的花园劳作，可以使用这样简单的三齿两用耙／锄。一头可以用来松土、另一头刨坑，顺便除去一些小型杂草，平整植物周围的土壤。经常松土，可以防止地表板结。

　　橡胶防滑手套简直就是妹纸们的必备，给月季等带刺的植物修剪枝条的时候尤其需要。日常养护花园的时候最好带上手套，不然关节变得粗大、皮肤变得粗糙、手指甲里的泥土也不容易洗掉，就不美了呢。

　　此外，草花是每年院子必种的，不同季节还会有不同品种的轮换，简单轻巧的铲子利用率会很高。这样的小铲子还可以用来种植球根、换盆移栽。

球根花卉中的精灵
——Sissi 漫谈酢浆草

图、文 / Sissi

它们是球根花卉中的精灵，株型娇小花朵轻盈。它们种类众多，花色各异，美不胜收。无论在狭小的阳台还是宽阔的庭院，它们都是引人注目的一群可爱精灵，它们就是美丽的小球根花卉——酢浆草。

酢酱草 'Obtusa blush' 和 'Obtusa pale tangerine'

　　"不知道爱你在哪一天，不知道爱你在哪一年。"多年前，Sissi 爱上了这些美丽可爱的酢浆草，它们紧凑小巧的株型、形形色色的枝叶和绚丽的花色都这么使人着迷！对于想要种植球根花卉的阳台族来说，它们真是再合适不过了。

于是 Sissi 越种越多，越养越着迷，目前个人收集的酢浆草已超过三百种。这次有幸收到好朋友玛格丽特的约稿，在此来和大家分享一些种植酢浆草的经验和心得，希望对花友们今后选择和种植酢浆草会有所帮助。

酢浆草 '小美人鱼'

'Obtusa peach&cream ' 红款

酢浆草的分类

酢（cù）浆草拉丁学名是 *Oxalis*，大部分是多年生小球根植物，已知的品种有几百个，叶子呈现不同的形状，花朵颜色五彩缤纷。以生长和种植季节来分类的话，有春植品种（春天种植，冬天休眠）、四季品种（四季基本不休眠）和秋植品种（秋天种植，夏天休眠）。目前国内引进的酢浆品种多生长于南非和南美，其植株一般都比较矮小，生长高度在 10~30 厘米左右，十分适合家庭盆栽种植，放置在窗台或桌子上不会占很多空间。

关于酢浆草种球

酢浆草种球形状各异，最多的是球茎，也有鳞茎形状和块根形状的。酢浆草是小型球根，一般种球都不大，其种球因品种不同大小也不同，一般从芝麻绿豆大小到花生米大小，最大的大概半个鸡蛋大小。至于花友们关心的应该选择怎样规格大小的种球来种植，这里想给大家一个综合性的参考。首先由于酢浆草品种不同，球形和大小都会不同，所以并没有统一的规格大小，但一般来说正规专营酢浆草的店家都会对出售的每种酢浆草标明几个规格：小球、中球、大球、特大球。如果想当年看花就应该选中球以上的种球来种植；小球一般要养一年，第二年开花，当然有些品种的小球也会开花，但花可能就是零星的几朵；大球开花会多些，最易出爆盆的效果。从 Sissi 这些年养殖酢浆草的经验来说，种球越大开花越多花也会更大些，还会生更多更健壮的小球。另外想提醒大家的是，各家店铺的种球大小会有区别，比如一家的中球可能只是另外一家的小球，甚至有的货不对版，所以在选购时候不能只看价格，最好是选择信誉良好的专营店铺。

'Glabra pinky&white'

'Obtusa blush'

秋植酢酱草，早春的时候逐步进入花期，能陆续开到 5 月

'Obtusa blush'

'Obtusa large form dark'

关于酢浆草的复花性

　　酢浆草的复花性很强，也就是说今年种的种球开花休眠后明年再种还会开花，而且正常情况下花会越来越多、越来越大，因为种球已经长大还生了小球球。当然也不是所有的品种都会生小球，一些稀有品种生球就比较少甚至没有，这也是它们的价格比较高的原因，物以稀为贵啦。

新手推荐品种

在这里为酢浆草新手们推荐几种比较经典的酢浆草品种。

双色冰激凌酢浆草 *Oxalis versicolor*：最经典的酢浆草代表之一，白色花瓣背面是一圈明显的红边，就像冰激凌上抹了草莓酱，非常美妙的花色，密植一盆开爆后的效果会让人甜到心里去。

***Oxalis purpurea ulifoura*：**最美的芙蓉酢浆草之一，粉嫩的花瓣近花心处一圈红晕，使得花色显得更加娇美动人，这款可以说是人见人爱的芙蓉酢代表了。

粉白桃之辉酢浆草 *Oxalis glabra pinky & white*：最漂亮的桃之辉酢浆草之一，桃之辉的开花性都不错，这款是桃之辉中比较新的品种，楚楚动人的粉白色花儿，适合密植，美美得开满一盆。

'Obtusa blush'

'Obtusa Elizabeth'

'Obtusa copper orange'

夜香酢浆草 *Oxalis fragrans* ：小巧的粉紫色花朵常在傍晚时分开放，值得一提的是这款具有较浓的花香，所以大家叫它夜香酢浆草，也是很特别的哦。

飞溅叶酢浆草 *Oxalis luteola 'Splash'* ：这款酢浆草的叶子很特别，叶子层层铺开，绿色叶子上每片都有飞溅洒落的水渍一样的暗红色斑纹，它的花是鹅黄色的，也很美啦，一款观叶赏花两相宜的酢浆草。

樱桃红长发酢浆草 *Oxalis hirta cherry* ：最美的长发酢浆草之一，浓艳的樱桃红色花朵，加上浓密匍匐状的枝叶，开上满满一盆樱桃红色花儿会使人心醉神迷吧。

Oxalis obtusa Blush ：清新柔美的一款 OB 酢浆草，所谓 OB 酢浆草就是 obtusa 系列酢浆草的简称，在英文里 Blush 表示脸红的意思，看这款酢浆草粉色的花瓣中间一圈红晕，很像羞红了脸的小女孩吧，和其他 OB 酢浆草一样，这款的开花性也是非常棒。

伊丽莎白酢浆草 *Oxalis obtusa Elizabeth* ：最经典的 OB 酢浆草之一，这款酢浆草花型圆整，明黄色花瓣，近花心处醒目的一圈红晕，在阳光灿烂的冬日里盛放美美一盆，会令人心情愉悦几分。

大马士革玫瑰酢浆草 *Oxalis obtusa Damask Rose* ：非常完美的一款酢浆草，婉约的暗粉玫瑰色大花，即使阴天和晚上都会一直开着哦，而且开花性也是超好，也是值得推荐的一款酢浆草。

'Obtusa coral'

酢浆草的种植方法（以上海地区为例）

1. 种植时间

　　一般秋植酢浆草大部分9月开始发芽，即使没发芽在秋天25℃左右就可以进行种植了。一般10厘米左右的塑料盆大球种1个就会有爆盆效果，中、小球种2、3个比较合适，某些品种密植效果更好。

2. 土壤和肥料

　　花友们常使用的土壤大多是泥炭＋排水基质（如珍珠岩、蛭石、颗粒土等），具体搭配比例花友们都有自己的配方，但总体原则是透气排水性好。种植深度不宜过深，一般控制在球根直径的1~2倍即可。

　　在盆土里放一些基肥，如豆饼、骨粉或者无机缓释肥就行了。在酢快速生长期最好每10天能追肥一次，追肥的原则是薄肥勤施。有机肥一定要充分腐熟才能使用，以防止烧根和生虫。

3. 休眠和收获

　　一般5月左右进入休眠期，植株停止生长、不再开花、叶子逐渐枯萎。这个过程大概要经历几个星期的时间，当发现植株出现休眠征兆的时候，就要逐步减少浇水与施肥，否则过多的水分与养分就会使土里的球发霉腐烂。

　　当酢浆草的叶子完全枯萎以后，可以让它们再在土里面呆上1~2周，等土干透就可以把球挖出来，按照种类做好标记，分类收藏在干燥通风的环境下，等它们睡醒就可以再次种植。也可以不起球，放在不会淋到雨水的地方，待秋天重新发芽生长。

花园里的藤本皇后
——铁线莲应用浅析

文 / Ayanami_Bay 图 / 玛格丽特 – 颜

有着"藤本皇后"美誉的铁线莲如今已经逐渐步入寻常百姓家庭，希望今后有越来越多的园艺爱好者们能享受到种植铁线莲所带来的乐趣。

约瑟芬

没有哪类植物能像攀援植物那样随遇而安且用途广泛，而在攀援植物的诸多种类中，铁线莲又因其习性强健，攀援力强，花大色艳而备受瞩目。而近年来，在堪称园艺时尚风向标的切尔西花展上，铁线莲更是以其优雅的姿态和多变的花型花色激起了园丁们无限的种植热情。

纪三井寺

攀援·维多利亚

铁线莲是攀援植物，是非常好的造景材料。用于它攀爬的"衣架子"的外形直接影响景观效果

选对"衣架子"

作为藤本植物，铁线莲在花园中所需的环境和自然状态下一样，需要借助于其他植物的枝叶及花园中的各种支撑物向上攀爬。大部分品种的铁线莲都会将叶柄卷曲，从而牢牢抓住可以借力的东西。由于铁线莲的叶柄并不是很长，所以它所能抓住的支撑物以手指粗细为宜。

关于铁线莲种植，老园丁们常会提及一句话："脚在阴凉处，头在阳光里。"意思是铁线莲喜欢根部阴凉潮湿的环境而枝叶则需要沐浴在阳光里。这也是种好铁线莲的基本要点。好的支撑物使得铁线莲可以顺利地向高处发展，争取更多的阳光和雨露，也有利于空气的流通。正因为如此，支撑物的选择对于铁线莲种植是不可忽视的重要环节。

支撑物的选择不必拘泥于竹竿、铁艺架子等常见材料，藤本月季或其他花园灌木也能很好地完成支撑任务，并且自然支撑物的运用能使花园更加清新、自然。而对于蒙大拿铁线莲（Clematis Montana）之类不需做大量修剪的品种，对往年的枝条加以固定，新生长的枝条自然而然会向老枝条借力生长，继而按照栽培者的意愿爬满山墙或树干。

铁线莲枝条往往很长，枝条节间长度也较长，如果只是任其生长而不加以打理，植株下部叶片慢慢枯黄掉落，而上部花、叶相对集中，呈现头重脚轻的姿态。这时候就需要盘绕枝条，让花叶相对均匀的分布，以获得视觉上平衡的美感。

57

巧用地被种植

　　铁线莲中有一些比较特殊的群体，攀援性不强，趋向于蔓生。例如常绿铁线莲组（Evergreen Group）和全缘铁线莲组（Integrifolia Group）。

　　常绿铁线莲因其在原产地新西兰常年保持不落叶而得名，其在长江流域经冬不落的绿叶是花园中的一抹亮色，极早开放的清新小花又使其成为早春甚至冬季花园中的重要角色。基本不需要修剪或仅在花后修剪保持株型。

　　全缘铁线莲冬季休眠，枝条较为硬挺，丛生型较强，习性强健，高度不是很高，大约为1米左右，叶柄基本不会卷曲攀援。本组花色丰富，蓝、紫、白、粉、红色均有。由于其匍匐性较强，可穿插种植于灌木丛中，会在每年夏季于灌木的枝叶间隙开出缤纷的花朵；或直接种植在花境中较为开阔的地方，可覆盖地面裸露的泥土并于夏季缺少其他花草时奉献出一片壮丽的花毯。

常绿铁 - 春早知

百搭的盆栽艺术

　　大部分种类的铁线莲根系为肉质根，因而根部的透气和通风就显得尤为重要。盆栽因为栽培环境相对可控性较强，而成为了种植铁线莲，尤其是铁线莲小苗的重要方式。

　　盆栽种植铁线莲，介质的选择也很重要。除了常见的园土、椰糠、珍珠岩、蛭石和泥炭，在介质中少量加入一些有利排水，防止根腐的成分比如炭粒、兰石、硅酸盐白土等，更是能大大降低根腐的发生率。

　　悬挂种植铁线莲相比传统寻找支撑物并攀援的做法更多了几分空灵的美感。

　　单独盆栽铁线莲常用于展示此铁线莲品种或追求盆栽花量的最大化。然而偌大的花盆中，仅仅种植一棵铁线莲未免太过单薄。草花或其他小灌木的加入使得铁线莲盆栽变得生动而有趣，盆栽的组合方式更体现了盆栽制作者的审美和情趣。多种植物也使得盆栽组合的观赏期大大延长。因此铁线莲组合盆栽颇受园艺爱好者们的青睐。

地栽铁线莲小贴士

相比盆栽种植铁线莲，露地种植可以获得更大的花量。地栽多年的铁线莲攀援在墙垣、栅栏、藤架、拱门及树干上，既可遮蔽某些不甚雅观的设施，也可于花季奉献一片醉人的花海。而在挖坑种下铁线莲之前，您还有以下几点需要认真考虑。

1. 设立支撑物。正如前文所提及的，良好的支撑物是成功种植铁线莲的必要条件。

2. 选择合适的品种。花园中各个位置所能提供的光照、水分和土壤条件各不相同，需要仔细斟酌。例如大部分有条纹的品种需要稍微隐蔽的环境以延长花期，而高大的墙垣或者大树则需要枝条长且花量大的品种来覆盖。花纹较为细碎的背景上小花型铁线莲会使得整个墙面变得凌乱应当注意避免。

3. 调整开花的位置。适当的修剪和盘绕牵引枝条能使您的铁线莲开放在视野内并能延长花期。

一面铁线莲花墙，满园烂漫芬芳

花果俱美的**蓝莓**

图、文／石笋坞

蓝莓，风靡世界的小浆果，果皮多为亮蓝色，极为美观，果肉细腻，甜酸适度，营养丰富，香气清爽，既可鲜食，又可加工成老少皆宜的各种食品。

20世纪30年代，美国最早开始蓝莓的人工选育和栽培，21世纪初，国外众多的蓝莓品种被引入中国试种和规模化栽培，蓝莓鲜果及其加工品，也正逐渐走进我们的生活。

蓝莓，小灌木，除了能长出美味的果实外，洁白的花朵，美丽的秋叶也是一道亮丽的风景。阳台、露台和庭院等花园里，种上几棵蓝莓，春赏花，夏食果，秋观叶，冬品枝，一年四季的美，尽收眼底。蓝莓果实成熟后容易软化，市场上销售的鲜果，果实口感品质远逊于刚采摘的鲜果。家庭种植蓝莓，可随时吃到新鲜美味、健康放心的水果。

作者简介

石笋坞，本名张少华，虹越花卉总部苗圃经理。南昌大学植物学专业，从事国际新优园艺植物的引进、生产和推广工作已有7年多。熟悉各种花园植物，尤其是家庭果树的养护及应用。热爱园艺，喜欢自然，致力于长三角新优植物的选育和应用！

健康之果

　　蓝莓中的花青素可促进视红素的再合成，经常食用蓝莓，可以消除眼睛干涩，缓解眼疲劳，防治红痒酸胀，视力下降，近视老花。蓝莓的抗氧化活性非常高，可以抗衰老和预防癌症。蓝莓果实还含有丰富的果胶物质、SOD、黄酮等成分，这些独特的营养成分，使得蓝莓果实具有优异的保健功能。

【蓝莓小资料】

类型：落叶或常绿小灌木

花期：4~5 月

果期：5~6 月（南、北高丛蓝莓）；
　　　6~7 月（兔眼型蓝莓）

盛果株龄：≥ 4 年生

成熟株高：0.8 ~ 2.0 米（因品种而异）

适宜区域：除西北、内蒙古及华南沿海外，
　　　　　全国广布

原产地：西欧和北美等地的中高纬度地区

栽培品种数：200 余种

四季之美

　　每年4、5月是蓝莓花开的季节，一朵朵钟形花，挂满枝头。满树洁白，淡淡的芳香，吸引着蜜蜂前来采蜜。

　　夏天5月至8月，是蓝莓收获的季节，每个品种的蓝莓成熟期有差异，有的早熟，有的晚熟，且果实陆续成熟，每个品种的采摘期大致1~1.5个月。成熟的蓝莓果实为深蓝色，表层有层白色的果粉。

　　秋天，随着气温的降低，大部分品种的蓝莓，叶片开始变红。火红火红的蓝莓叶，不亚于秋日的红枫。

　　冬天，是蓝莓休养生息的季节，-7℃以下的地区，大部分品种的蓝莓，都落叶了。直立有型的枝干，淡红色的枝条，别具冬韵。

TIPS

需冷量： 植物自然休眠需要在一定的低温条件下，并经过一段时间。生产上通常用植物经历0~7.2℃低温的累计时数计算，称之为"需冷量"。没有达到"需冷量"的要求，植株花芽分化不完全，不能正常开花挂果。

种植蓝莓

●选盆

蓝莓须根，浅根系，尽量选用浅盆、小盆，忌小苗用大盆。一般营养钵苗上盆，选用口径20厘米左右的盆，以后逐年换盆。成熟植株选用口径35厘米左右的盆，以后不再换盆，每年修整根系，添加新土。

●选土

鉴于蓝莓喜酸性、疏松透气、富含有机质的土壤。家庭盆栽蓝莓可买花市常见的腐殖土，视自己条件加入腐殖苔藓或草炭、腐烂的松树碎皮（或发酵松鳞）等有机质。蓝莓是嫌钙植物，土壤中尽量不要含有石灰、珍珠岩、炉渣等含钙材料。

●摆放

蓝莓喜光照，也稍耐阴。家庭养护，应摆放在全光照、通风透光处。夏季7、8月高温期，中午应适当遮阴或将盆栽蓝莓摆放在中午阳光直射不到的地方，从而避免叶片灼伤。

●浇水

蓝莓不耐涝，稍耐旱。日常浇水掌握"见干见湿"原则。秋冬花芽分化期，春季开花期，夏季挂果期，注意检查浇水情况，避免干旱影响挂果。

●授粉

蓝莓倒钟形花，不便于人工授粉，基本靠蜜蜂等昆虫授粉。故花期如遇阴雨天气，及时避雨，天晴时再放置阳光下集中摆放，便于昆虫前来授粉，提高坐果率。

●施肥

蓝莓果实采摘后，秋季和果实膨大期，可适当追施几次水溶性肥料，肥料浓度要低，避免伤根。

●修剪

蓝莓花芽分化期为秋冬季节，故夏季果实采摘后，应及时整形修剪，剪除交叉、细弱、重叠及下垂枝条。5年以上的老枝条，结果能力弱，此时应从基部短截，以便萌发更新枝。冬季落叶后，枝条花芽或花苞正分化形成，应轻修剪或不修剪，注意不要剪除枝条顶端花芽。

●病虫害防治

蓝莓病虫害很少，家庭养护，主要搞好环境卫生工作。日常养护时，及时剪除病害叶片和枝条，冬季清扫落叶等。少量虫害可人工清除。僵果病是蓝莓栽培中最普遍、危害最严重的病害，它是由真菌引起的，一般发生在春夏季多雨潮湿季节，可造成新叶、芽、茎干、花序、果实等突然萎蔫、变褐。故这段时间，注意植株的通风和透光，尽量避开潮湿处。

蓝莓"达柔"

蓝莓"奥尼尔"

蓝莓"奥尼尔"

蓝莓品种图片集

奥尼尔	夏普蓝	蓝美1号	海岸
木兰	威尔姐妹	钱德勒	瑞卡
公爵	布里吉塔	莱格西	园蓝
灿烂	蓝美人	精华	

类型	品种	耐寒区	果期	果粒	品种推荐	盆栽
南高丛	奥尼尔	5-9	5-6月	中~大	特早熟，南高丛代表品种之一，果粉较少，果肉质硬，香味浓，汁液多，口感好，耐储运。枝条稍横向生长。	适宜
	蓝美1号	8-10	5-6月	小~中	早熟，果实口感特好，有特殊香气，适应性强。耐高温高湿，特丰产，植株矮小，分枝多。	极适宜
	佐治宝石	7-9	5-6月	中	早熟，口感好，甜度高于奥尼尔，有香味。植株长势较好，丰产稳产。	极适宜
	薄雾	5-10	5-6月	中~大	果实有香味，果粉多，产量很高。树势中等，开张型，秋叶变红，具有观赏价值。	适宜
	蓝雨	7-10	5-6月	中	果实球型，硬度适中，亮蓝色，酸甜适口，有香味，耐储运。树形开张，分枝强。低温要求时间150~200小时。	极适宜
北高丛	布里吉塔	4-9	6-7月	中	果味酸甜适度，美观，果肉硬，鲜食入口感觉脆而爽，口感好，耐储藏。土壤适应性强。株型紧凑。	适宜
	莱格西	4-9	6-7月	中~大	果实甜中带酸，有香味。丰产性强，极受人喜爱。树直立型。叶片美观，秋叶变红。	适宜
	康维尔	3-9	6-7月	中~大	扁圆形，有特殊香味，口感好，中等蓝色，耐高温，较丰产，极耐寒。成熟期较为集中，风味佳。	极适宜
兔眼	贵蓝	8-9	7-8月	大~极大	甜度极大，酸味中等，有特殊香味；果汁多。果皮硬，果粉多。树势强，直立。	可盆栽
	奥斯丁	6-9	7-8月	中~大	鲜食、冷冻或制作果汁。植株耐寒、抗性强。适宜与灿烂等品种交叉授粉。低温要求450-550小时。	可盆栽
	园蓝	7-9	7-8月	中	果实特甜，有香味。果粉少，鲜食、加工主力品种。南方地区最受欢迎品种，土壤适应性强。树势强，直立。	可盆栽

备注：以上果期以杭州为准，往北地区推迟，往南地区提前

全国地区蓝莓推荐

东北地区：半高丛、矮丛品种

河北、山东以南长江以北：半高丛、北高丛品种

长江流域：部分半高丛、部分北高丛和南高丛、兔眼品种

长江以南、西南地区：南高丛、兔眼等品种

家庭种植无花果

花园健康之夏

图、文／石笋坞

无花果
Ficus carica L.
桑　科　Moraceae
观赏、食用、园林绿化。

每年的夏秋季节，无花果的树枝上便开始了硕果累累。寻找和采摘刚成熟的无花果，那份喜悦，那份美味，给孩童的我们带来了无限的欢乐！

无花果真的无花吗？

首先，必须要回答这个令大家好奇已久的问题：无花果其实是有花的，花隐于囊状花托内，外观只见果而不见花故名。榕小蜂会从果实底部的小洞里钻进去帮助花朵完成授粉。通常栽培的无花果品种，不需要经过授粉即可发育成果实。

家庭的保健果

无花果树不仅能用来观赏，其果实更是能起到食补的功效。无花果性平，味甘，其根、叶性平，味淡、涩，能健脾化食，润肠通便，利咽消肿，解毒抗癌。主治消化不良、痔疮、疮疖、咽喉疼痛及阴虚肺热咳嗽等病症。

无花果档案

无花果，桑科落叶灌木或小乔木。原产于地中海沿岸及中亚暖温带地区，我国南北各地均有栽培。南方庭院栽培或作为果树成片种植，株高可达 4~9 米，北方盆栽，高 1.5 米左右。无花果枝干光洁，树姿优美，叶形独特，具有很高的观赏价值。

无花果果期长，7~10 月陆续成熟，果肉松软，风味甘甜，果实富含硒，具有很高的营养和药用价值。由于栽培管理容易，属无公害绿色食品，被誉为"21 世纪人类健康的守护神"。

家庭盆栽无花果

　　无花果盆栽的特点是结果早，产量高。当年见果，三年丰产。能适应庭院及阳台夏季之气温高、辐射热大的环境特点。下面为大家介绍如何来养护。

●选盆

　　选择透气性好的泥瓦盆、瓷盆、木箱和木桶等。在最初的几年应每年换盆换土一次，适量施基肥，根据长势追肥一两次，并逐年换入大盆。6 年生以上的大苗宜换入木桶，直径以 40~50 厘米为好，高度可与盆径相仿。

●选土

　　盆土要求疏松透气、富含有机质、保肥及保水性能较好。以山地阔叶林下的腐殖土最理想。也可用壤土、沙和腐熟有机肥各 1/3 配制。

●摆放

　　无花果喜欢光照充足，温暖湿润的环境，盆栽无花果，应摆放在花园光线较好，通风透光处。夏天高温期，中午阳光强烈时，可适当遮阴或移置阴凉处，避免叶片灼伤或缺水导致落果。冬季室外温度降到 −12℃以下时，需采取保温措施（如包裹薄膜、稻草等）。

●浇水

　　无花果不耐涝，较耐旱，日常浇水掌握"见干见湿"原则。无花果在春秋季可适当多浇水，保持土壤湿润，夏季果膨大期一天应浇 1~2 次，干旱季节要适当增加浇水次数。

● **施肥**

无花果喜肥，需要重点施好三次肥：第一次为早春发枝肥，以氮肥为主；第二次为保果肥，时间在第一批果膨大期，氮、磷配合施为好；第三次为越冬肥，入冬前施，以钾肥为主，用草木灰将基部覆盖即可。日常以通过修根添土和追肥补充营养。

● **修剪**

无花果有新枝结果的特点，新枝条一钻出地面就开始结果。所以，当年新枝一般都应保留，对不需要的枝条也应在结果以后再剪除，可以通过摘心来控制植株高度。冬季可以重剪，矮化植株，冬季的枝条顶端有来年夏果的芽，要根据需要修剪，以免影响来年夏果的产量。此外，果实有逐日逐个成熟的习性，应随时采摘，以防大量落果。

● **病虫害防治**

天牛是其主要害虫，蛀食主干枝条，每年6~7月，为爆发高峰期。注意植株内部枝条疏剪，保证植株主干通风透光，冬季树干涂白，可减少害虫危害。植株生长季节，如发现植株根颈部有虫害取食排除的粪便，向上检查枝条上的蛀洞，使用小铁丝深入洞中或用小螺丝刀劈开树皮，人工杀死害虫或灌注高度白酒，密封洞口。

中甸绿绒蒿
Meconopsis zhongdianensis

山野明星——绿绒蒿

图、文 / 余天一

作者简介

余天一，植物、生态摄影以及科学绘画爱好者，《博物》杂志专栏作者，目前为北京林业大学学生。

山野明星，园林骄子

　　泛喜马拉雅地区（包括喜马拉雅山、横断山、喀喇昆仑山和兴都—库什山部分）是全世界植物物种最丰富的地方之一，高海拔和多变的环境产生了无数华丽而不可思议的物种。18世纪后植物猎人们逐渐开始前往世界各地收集植物并引种，喜马拉雅带给了他们丰富而不可思议的收获。而绿绒蒿，则是这千万植物群星闪耀之中最明亮的一颗，是秘境给予这些探险者最荣耀的勋章。

宽叶绿绒蒿
Meconopsis rudis

中甸绿绒蒿
Meconopsis zhongdianensis

多刺绿绒蒿
Meconopsis horridula

藿香叶绿绒蒿
Meconopsis betonicifolia

虽说西欧绿绒蒿是最早被发现命名的绿绒蒿属植物，但是绿绒蒿属除这一种外全部分布于泛喜马拉雅地区，而且西欧绿绒蒿根据近些年的某些研究被认为不应再属于绿绒蒿属，所以可以说现存的绿绒蒿种类都是东亚—喜马拉雅区特有的宝藏，其中大部分种类都是喜马拉雅抬升中逐渐分化而成的。

绿绒蒿的发现史，基本上贯穿了植物猎人们在喜马拉雅的探险采集史；几乎每一位植物猎人，都把找到绿绒蒿作为重要目标之一，以自己能够引种绿绒蒿作为最高荣誉，这其实是容易理解的，当你在无尽而幽暗的密林之中穿梭，忽而看到一枚宝石般湛蓝的花朵时，有什么理由不为之惊喜震撼、甚至感动落泪呢？世界上最著名的植物猎人，好几位都与绿绒蒿有着一言两语说不尽的因缘；戴拉维神父发现了藿香叶绿绒蒿，威尔逊将全缘叶绿绒蒿引回欧洲，得到了一枚金质绿绒蒿徽章，金敦•沃德撰写的喜马拉雅游记，名字就叫《绿绒蒿的故乡》……

远渡重洋，相隔万水千山，绿绒蒿在欧洲安家落户，至今仍是欧洲园林中的焦点植物。而绿绒蒿在原产地中国，则是以另一种充满野性美的方式，隐藏在神秘的面纱之下，继续高山之中不为人知的生命历程。

霍香叶绿绒蒿
Meconopsis betonicifolia

由于绿绒蒿属植物藏于深山难得一见，所以了解绿绒蒿途径不多，原产地的高海拔低温环境，使得种植绿绒蒿也绝非易事，这里介绍一下绿绒蒿属植物的原产地环境、在不同的环境中有哪些姿色各异的种类，以及什么种类适合种植。

我们常常能见到的绿绒蒿大多是蓝色的种类，也许这也是绿绒蒿在外国被称为 Himalaya blue poppy（喜马拉雅蓝罂粟）的原因；然而绿绒蒿属有五十余种（将来可能会发现更多种类），花色远远不只有蓝色，赤橙黄绿青蓝紫中似乎只有绿色没有出现。川西高原上的红花绿绒蒿，四片花瓣像是被揉皱的红绸鲜亮招展，藏南峡谷中的锥花绿绒蒿，高达两米、长满金色柔毛的巨大株

型和小巧的黄色花朵相映成趣；滇西北香格里拉山巅流石滩的拟秀丽绿绒蒿，鲜紫色的花瓣和光滑的叶片让人耳目一新……

绿绒蒿属野生种类分散在西南各地。虽说绿绒蒿都是高海拔植物，都惧怕夏日的炎热，不过毕竟原产地，迥异的气候与环境造就了不一样的形态，也使得栽培难度不尽相同。五脉绿绒蒿分布最广，也是绿绒蒿属中分布最靠北的，从喜马拉雅山脉一直到秦岭都有分布，广泛的分布也证明这是一个适应性很强的物种；总状绿绒蒿是最耐贫瘠的种类，最适合生长在多岩石少土的环境，山顶、河滩甚至被干扰过的公路两旁都可能发现它的踪迹；霍香叶绿绒蒿株型高挑、

花朵硕大，却只喜欢没有直射光的潮湿环境，只有幽暗的林下或是大石之下，且是有溪流经过或终年不断水的湿地才能见到。

目前欧洲已经培育出大量适合庭院园林栽培的绿绒蒿品种，它们对环境的要求不像我上文所述的那么苛刻，然而在中国大部分地区尤其东部沿海，栽培绿绒蒿还是有一定难度的，不过现在获取绿绒蒿种子并不再像以前那样困难，如果你有条件让绿绒蒿安然度过炎炎夏日，为什么不尝试一下呢？另外随着去西南地区旅游的人越来越多，我们也逐渐能看到更多绿绒蒿在原产地的照片。绿绒蒿属植物，正在悄然走进我们的日常生活。

硫磺绿绒蒿
Meconopsis sulphurea

感受百合的非凡魅力

图／玛格丽特－颜　文／余天一

如今大部分的园艺植物，很多都是经过漫长岁月的杂交选育才有了花大色艳的品种，但是反过来从人们对这些植物的热情来看，它们本身就具有非凡的魅力，百合属就是其中之一。

铁炮百合

百合属原种众多，这其中原产东亚的种类对现在主要的杂交品种贡献最大，常见的切花、盆栽和庭院品种，几乎都有东亚种类的血缘。在接触到东亚的种类之前，欧洲栽植的大多是花色纯白、花小而多的圣母百合，中国北方栽培山丹、卷丹、兰州百合等种类的历史也十分悠久，在敦煌壁画中时常能看到这类橘红色百合的身影，南方也有栽培野百合（龙牙百合）及近似种类的习俗。园艺界目前把欧洲最早培育的以圣母百合为主的品系称为白花百合品系（Candidum (Euro-Caucasian) hybrids，简称 C）。

欧洲人首先接触到的东亚百合是当时中国最广为栽培的种类——花瓣布满深色斑点的卷丹，他们把这种与欧洲原产百合属植物相距甚远的种类称为"虎百合"。这是一个易种的种类，具有百合属罕见的叶间生珠芽的习性，极易繁殖，因此在欧洲很快流行起来。然而在很长的一段时间里这个品系只有卷丹一个种类，直到清末欧洲人再次来到中国，在中国北方发现了很多花色极为艳丽的种类，如毛百合、渥丹、山丹、垂花百合，在和原产欧洲的橙花百合不断杂交选育后，到近现代出现了亚洲百合品系（Asiatic hybrids，简称 A）。亚洲百合株型紧凑，花色艳丽多变，花朵大多向上开放，然而一般无香。

在北方发现大量颜色艳丽的种类的同时，欧洲人在南方也发现了花形优雅的百合和岷江百合等种类，这些种类最显著的特征是株型高大、花朵喇叭状，适合作为庭院品种，于是它们被欧洲人称作 Trumpet lilies，经过杂交形成了高大的喇叭百合品系（简称 T）。这一类百合十分强健，花色略逊于其它系。另外在中国南部发现的铁炮百合和台湾百合自成一系：麝香百合系（Longiflorum hybrids，简称 L），在外国一般仅用作切花，但国内庭栽普遍。

欧亚高纬度分布的一些种类，如欧洲百合、竹节百合、轮叶百合等轮生叶的百合，杂交选育后形成了独特的轮叶百合品系（Martagon hybrids，简称 M），这个品系对环境要求较为苛刻，比较喜欢冷凉气候。

随着植物发现的深入，一直隐藏在东亚深山的鹿子百合、药百合与天香百合也最终被发现，如今最常见的百合品种（尤其切花百合）很大一部分都是由它们杂交选育而来的。这类百合被称为东方百合品系（Oriental hybrids，简称 O）。东方百合大多具有浓郁的香味和硕大的花朵，株型也较为高大，缺点是容易染病或退化。

在后期为了培育具有更优良特点的品种，人们将不同品系互相杂交，得到了如 LO、OT、OA、LA 等品系，虽然现在还不那么常见，由于它们的亲本之间的优点互相弥补，这些品种也因此而变得更受欢迎，成为现代庭院百合种植的首选。

东方百合

卷丹

多肉组合盆栽
玩肉玩出新花样

图、文 / 二木

多肉植物组合盆栽是一种非常棒的栽种方式，
将各种不同颜色的肉肉们组合搭配在一起后，
看起来就像一盆颜色鲜美的水果，想一口口咬下去！

养护简单　栽种好后放在朝南日照充足的位置，10 天或者半个月浇水一次（初期少量浇水，栽种 3 个月稳定后可以浇透），并不像网上所说的组盆难养，挤在一起的多肉植物会非常难受等这些说法都是非常不科学的。多肉植物组合盆栽和单盆栽种是一样的，最主要还是环境的控制与后期养护管理，一般来说只要日照充足，适当给予一些通风良好的环境，就没有问题。

组合盆栽常用品种推荐

多肉组盆我推荐常见的普通品种，这些便宜的普通品种并不难看，反而因为它们形态与色彩出众，容易繁殖生长，习性强健便于管理这些优点，成为组合盆栽中不可替代的部分。

❶ 按颜色选择品种

品种按照颜色进行分类，这也能方便你根据自己的喜好来设计组盆的色彩。

白色：丽娜莲、露娜莲、鲁氏石莲花

蓝色：蓝石莲、旋叶姬星美人

红色：姬胧月、红宝石、塔洛克

黄色：黄丽、黄金万年草

橘黄色：铭月

紫色：紫珍珠

粉色：黛比、姬秋丽、秋丽、丸叶姬秋丽

浅绿色：蓝色天使、博星

黑色：黑王子、喷珠

花色：花月夜、吉娃莲、新乙女心、红旗儿、钱串

❷ 确定主题部分和护盆草

除了选择颜色外,还需要确定好组盆内的主体部分与护盆草。拟石莲花属的多肉植物常被用作于主体部分。

主体拟石莲:一般选择蓝石莲、露娜莲、丽娜莲、鲁氏石莲花、紫珍珠、黑王子等。

护盆草:一般使用黄金万年草——多肉植物中颜色最亮丽的一个品种,种上一点就能点亮整盆。

旋叶姬星美人:形态非常奇特,是组盆里少有的蓝色系列。

另外在这两种之间还需要选择一系列中间品种,个头小于拟石莲,但又大于护盆草,起到中间过渡作用。

中间过渡型品种:常会选择姬秋丽、姬胧月、丸叶姬秋丽、黄丽、铭月、喷珠、博星、钱串等。

组合盆栽所需要的土壤

可用的配土为：多肉植物营养土 + 少量火山岩 + 少量赤玉土 + 少量颗粒缓释肥。

　　加入火山岩和赤玉土的目的主要是为了增加土壤中颗粒的含量，组合盆栽要让水分流失更快一些，这样才能够保持更美的颜色和形态，少量缓释肥是为了后期保证土壤里的养分。

　　除此之外，还需要准备铺面用的小石子、粗砂、麦饭石、风化岩、轻石（白色火山岩）等，都是首选。

需要用到的工具

小镊子（多肉植物专用神器）；

鸭舌铲（同样是多肉植物专用神器之一）；

喷壶（用于第一次栽种后的喷洗工作，很好用。后期喷杀虫药也很好使）；

　　花器可以选择任何东西：鞋子、杯子、碗、帽子等。其实我认为标准圆形、方形的器皿用来组盆是最好看的，拿着也很舒服。简单素一点的就可以啦，花器有孔为最佳，无孔也没有关系，可以在底部垫上 1 厘米厚的小石子作为隔水层，后期控制浇水。

开始动手制作属于自己的多肉植物组合盆栽吧！

1. 将所有的多肉植物去土清洗，可以洗去很多病菌与虫卵。

2. 将前面提到的各种介质彻底混合，然后用鸭舌铲填入花器中，用手轻压土壤，保持土壤距离花器顶部还有 1 厘米的距离。

3. 然后加入之前准备好的铺面石（麦饭石），同样用手将石子铺平，保持距离花器顶部 0.5 厘米的距离（如果一次填得太满，在后期栽种时土壤会和石子混在一起，变得很难看，也不利于栽种肉肉）。

4. 选择好一棵要作为主体部分的多肉植物（拟石莲），将较长的根系缠绕几圈，然后用镊子夹住，直接插入土中（一定不要害怕伤根，这样可以一次性稳定地栽种进去，肉肉们会很快的长出新根来。如果种得不稳或者根系露出来，在后期非常不利于肉肉生长，反而是伤害了它们）。

5. 然后选择中间过渡型的肉肉，用同样的方法种在主体周围。

6. 再不停地在主体 – 中间型两种类型来回切换栽种，注意中间或者最后花器的边缘处预留一定的空间。

7. 再用护盆草来填补前面预留出来的空间就可以啦。护盆草生长速度是最快的，也非常容易生根，所以很快会将空隙填满。

8. 最后再用喷壶清洗一下表面，不用喷水太多。

二木老师敲黑板

组合好的多肉盆栽，要按照前面说的，摆放在阳光充足的位置，5 天后少量浇水，然后正常管理就可以啦（每天直射阳光至少 3 小时以上，如果能保持 5 小时以上组盆的颜色会非常美）。

多肉植物组盆方法大同小异，只要掌握了以上这种方式，大家都能够种出漂亮的肉肉来。

除了小盆栽外，也可以放大到其他的各种花器、甚至大型景观。充分发挥自己的想象力吧！

暖心有爱
DIY 多肉手捧花

文／@-C-P-Y 图／玛格丽特 – 颜

我们经常在网上或者书上看到别人家的多肉捧花、花环等，可能会羡慕，也可能觉得这没什么大不了的。但是当自己把这一切付之于行动，并将这小小的心意赠给最好的朋友或者最亲密的爱人，这一切又将变得不同。本期"玩转园艺"，让我们一起做一束多肉小捧花送给好友或者爱人吧。

材料、工具

多肉植物若干、细树枝、纸巾、细线（滚扎绳）、包装纸、丝带、剪刀

1. 将多肉剪下，适当清理，留2厘米左右茎秆并包好纸巾（茎杆不够长的多肉也可以脱盆修根，茎杆足够长的可直接剪下，就当砍头繁殖了。）

2. 将包好纸巾的茎秆用细线扎在树枝上做好固定，这样多肉就可以像普通鲜切花材一样随意搭配绑扎了。

3. 根据自己的设计将处理好的多肉绑扎在一起。除了多肉，你还可以往里面加入干花或者鲜切花，使小花束有更多的层次和质感。

4. 对花束做适当的调整修补，并把底下的茎秆修剪整齐。

5. 选择喜欢的包装纸对花束进行包装，并系上漂亮的丝带，你就可以带着这么一束可爱的捧花去见想见的人了。

TIPS

1. 这次介绍的只是多肉花束其中一种制作方法，因为避免了金属丝对植物直接穿刺造型，所以也是对多肉植物本身伤害较小的一种方法；

2. 花束中可以不仅只有多肉，还可以搭配干花、鲜切花，甚至还可以搭配一些可爱的小配饰，使花束有更加丰富的层次及趣味性；

3. 包装纸除了市面上即成的，也可以废物利用，比如家里的旧报纸等，也别有一番韵味；

4. 同样的办法，我们还可以试着用空气凤梨等植物做花束、胸花等，自己动手往往产生更多惊喜。

花园里的蓝莓盛宴

图、文 / 石笋坞

又到了蓝莓成熟的季节了，除了新鲜食用，这里给大家推荐更多的蓝莓食用方法。

最好的选择当然是直接鲜食，每天清晨的蓝莓，最甜最美味啦！记得早起采摘，不然鸟儿们可就先下手了。

蓝莓鲜果一般保存时间较短，一般在室内、阴凉条件下可保存 3 天左右。如果吃不掉的话，该怎么办呢？将蓝莓鲜果泡酒、榨果汁、做果酱或者蓝莓干，都是不错的选择。

●蓝莓干

蓝莓干风味十足，是老少皆宜的保健食品。将蓝莓鲜果洗干净，晴天可置于太阳下晒干，晚上和阴雨天气，放在烤箱内烘烤，或者放在通风干燥处（最好使用风扇通风），一般 3~5 天，即可制作成美味的蓝莓干，用陶瓷罐储存于干燥通风处，可以保存 3~5 个月。

●泡酒

将蓝莓鲜果洗净沥干，放入食用白酒之中，其中的营养成分将溶解在酒中。这样随时都可以开瓶喝蓝莓酒。

●蓝莓果汁

家庭蓝莓果汁制作方法十分简单，一般 500 克（1 斤）成熟的鲜果加水 500 毫升、白糖 100 克，一起放入不锈钢锅中加热，在加热过程中将蓝莓果捣碎，开锅后即可。开锅后时间不可过长，以免花青素等营养成分分解和损失。冷却后果皮、果肉可和果汁一同饮用，不用分离。做好的果汁要冷藏保存，一般存放 2 天需加热 1 次。

●蓝莓果酱

蓝莓果酱，每天吃早餐的时候涂抹在面包上面，是非常不错的选择。
原料：10 份新鲜蓝莓、1/4 份新鲜柠檬汁、1 份半白糖。

1. 把蓝莓洗干净，沥干水。

2. 将 1 份白糖和蓝莓混合在一起，用木勺压碎成糊。

3. 静置 2~3 小时，让糖和蓝莓的味道充分融合。

4. 找一个锅，放入剁碎的蓝莓、柠檬汁，小火烧开，常搅拌不要糊锅。
可看到果酱在里面翻滚，约 5~10 分钟，再加入剩下的白糖，小火烧
1~2 分钟，烧开并撇去面上的一层泡沫，要撇干净，即可盛出来。

5. 密封容器事先用开水煮过消毒，再仔细擦干。

6. 将果酱装瓶，冷却后放入冰箱保存。

自制果酱由于没有任何添加剂，密封不严的话保质期就很短，开盖之
后一个月以内必须吃完。且每次拿取都要用单独的干净勺子。

她在冬天叫 "陈艾"
——DIY 艾草橄榄油皂

图、文／ANA 的七楼阳台　图／惹香_一个人的花园

冬季容易干痒过敏的肌肤，尤需一块好肥皂。热爱植物产品的你，可以在冬天用易保存的陈艾来尝试下自制保湿效果不错的艾草橄榄油皂。

艾草叶片轮生，状如蒿，每片叶有五个大的缺刻，大缺刻叶上又有 3~4 个小缺刻，叶面绿色，茎秆及叶片的背面密生白色茸毛，柔软而光滑。如果种在自己的花园里，也是一小片充满特别气质的绿植景观。

准备材料

油品：ev 级初榨橄榄油 350 克

氢氧化钠：47 克

艾草水：118 克（可以去中药房购买陈艾来熬制艾草水）

制作方法

1. 橄榄油、艾草水、氢氧化钠分别量好后备用。

2. 提前一晚冻好冰块放在大盆里，把装有艾草水的不锈钢盆放在装有冰块的盆里。

3. 用温度计测量橄榄油和艾草碱液的温度，二者皆在 45℃以后，而且温差在 10℃之内，即可混合。

4. 用搅拌器一边搅拌一边倒入橄榄油在艾草碱液里。

5. 一直搅拌至皂液变得浓稠，似奶昔状，在表面画图案清晰可见即可入模。

6. 将皂液倒入模具（如果家中没有硅胶模具，可以用喝光的牛奶盒当模具装皂液，牛奶盒不可以用里面带锡纸的那种）。

7. 冬天在 3 天左右脱模，脱模后要是还比较软，可以风干 2~3 天再切皂，如果软硬适中，当时就可切皂。

艾草入皂后的主要功效——

● 消除疲劳，使人感到身心愉快；

● 祛风、除湿，防皮肤瘙痒；

● 治湿疮疥癣；

● 抗菌及抗病毒作用；

● 镇静及抗过敏作用；

● 可以驱蚊止痒，同时也可安神助眠；

● 艾草可活血疏经、祛除内寒，外部的皮肤自然就白皙有光泽。

橄榄油皂因为没有硬油成分，皂化反应较慢，需要比较长时间皂化，约 24~36 个小时才能入模，切好的皂放置 3~5 周完全皂化后即可使用。

我们住的小村位于阿尔卑斯山脚下，距离布莱德湖（BLED LAKE）很近，走在村里可以看到远处布莱德湖边悬崖上的城堡。绿色的田野缓缓地起伏，远处是连绵的山峰，以及山脚下别的小村参差的屋顶和小教堂的尖塔

斯洛文尼亚家家有个「塔莎奶奶」

图、文/ Sofia

在欧洲呆久了，大城市看多了，越来越爱往乡下跑。这次长周末和花子去斯洛文尼亚，住的两个地方都在农村。话说我也算在欧洲见识过不少农村了，意大利托斯卡纳，法国普罗旺斯，以及意大利、瑞士、奥地利和德国阿尔卑斯山区的农村，每一个都各具特色美不胜收，可是当我走进斯洛文尼亚的 BLED 湖附近的这些小村时，还是被眼前如画的景象惊着了，我跟花子说：「怎么可以这么美啊，难道他们家家都有一个塔莎奶奶么？」

作者简介

Sofia　广西桂林人，旅居欧洲近二十年。美国国家地理网站"每周一图"的业余摄影师；业余画家；业余作家，在近百本杂志发表过文章。新浪名博、微博签约自媒体、微博旅行玩家。

这位胖奶奶的菜地被盛开的芍药和许多我叫不出名字的花包围着。在我看来，她那忙碌的身影真的太美了

【塔莎奶奶的幸福生活】

　　如果您是第一次听说"塔莎奶奶"这个名字的话，那就让我做个简单介绍吧，塔莎奶奶是美国著名的儿童插画家，晚年生活在自己的农庄里，自己种菜养羊种花种果树，自己纺纱织布做衣服。《塔莎奶奶的美好生活》详细介绍了她的乡居生活，书中她亲手建造的乡村花园和她自然诗意的生活吸引了众多的中国读者，于是在她的全球粉丝群里又多了很多中国女人。不过我是看了英文资料才知道塔莎奶奶 2008 年就已经辞世了，所有的中文网络资料（包括塔莎奶奶的新浪博客）以及在她去世后才出版的中文书籍都没提到这一点，或许出版商是怕大家梦破所以不愿意告诉大家真相。在我看来，一个在世界上美丽生活了 93 年的女人足够作为我们的榜样了，实在没有隐瞒真相的必要。

花园里的缤纷色彩，让你感觉生机盎然和生活的欢喜

这样花团锦簇富足美好的生活当然不是天上掉下来的，农村人最懂得有耕耘才有收获。小村里的居民勤快极了，我们在那里呆了一个周末，只要一出门总看到村民们在房前屋后忙碌，给菜地除草的，修剪花草的，修葺房屋的，总之是闲不住，周六傍晚在干活，周日一大早还是在干活

【鲜花盛开的村庄】

我们住的小村位于阿尔卑斯山脚下，距离布莱德湖(BLED LAKE)很近，走在村里便可以看到远处布莱德湖边悬崖上的城堡。绿色的田野缓缓地起伏，远处是连绵的山峰，以及山脚下别的小村参差的屋顶和小教堂的尖塔。

村子真的很小，小得我跟花子一致认为不能叫一个村只能叫一条街，几个村子连在一起才是我们脑子里"村庄"应有的规模。但我彻底地被这些小村子迷住了，不断地跟花子唠叨我们干嘛还要去首都卢布尔雅那，一直呆在村里多好。无论自然风光还是村

里的房舍花园都不逊于瑞士、奥地利，而且在我看来这里比瑞士和奥地利的农村更自然、更随性、更生活。

最让我惊叹就是家家户户房前屋后的小花园了，每一个都像我从书中看到的塔莎奶奶的花园，各种花草高低错落自然而和谐地搭配在一起，虽然6月初有些花已经开始凋谢了，我们到达之前又下过几场暴雨，好些花草都被打伤了，但那浓得仿佛能滴下来的绿意和那扑面而来的缤纷色彩依然能让你感觉生机盎然和对村庄生活的喜爱。

我们住在一家乡下旅馆里，紧靠我们的农家小院里，覆盖满鲜花的小假山上有小碉堡

篱笆上的蔷薇开得都拥挤成团了

【蔷薇、芍药和菜园子】

我们住在一家乡下旅馆里，紧靠我们的农家小院里，覆盖满鲜花的小假山上有小碉堡。篱笆上的蔷薇开得都拥挤成团了。这里的村民们格外偏爱芍药，几乎家家的花园里都有白的粉的紫的芍药，开得很饱满，一派富足喜悦的感觉。园子里不仅种花，也种果树蔬菜，经常是各类菜、瓜、豆的花与玫瑰、蔷薇、雏菊之类的并肩盛开。真正的农村啊，素菜自己种，荤菜自己养，邻居后院里一群鸡跳来跳去的，我很少看到鸡飞得那么高那么矫健，差点把咱们花子给吓着了。

这样花团锦簇富足美好的生活当然不是天上掉下来的，农村人最懂得有耕耘才有收获。小村里的居民勤快极了，我们在那里呆了一个周末，只要一出门总看到村民们在房前屋后忙碌，给菜地除草的，修剪花草的，修葺房屋的，总之是闲不住，周六傍晚在干活，周日一大早还是在干活。

每家的院子里都有芍药，这种文化悠久的中国名花在这里备受宠爱，就像欧洲常见的花在中国受宠一样

园子里不仅种花，也种果树种菜，经常是各类菜花瓜花豆花与玫瑰蔷薇雏菊之类的并肩盛开

这位修剪果树的老奶奶像不像塔莎奶奶？她家的门廊下还放着她刚从地里摘的生菜等蔬菜，水汪汪的可诱人了

一位修剪果树的老奶奶像极了塔莎奶奶，她家的门廊下还放着她刚从地里摘下的蔬菜，水汪汪的可诱人了！而另一位胖奶奶的菜地被盛开的芍药和许多我叫不出名字的花包围着。在我看来，她那忙碌的身影真的太美了。当然村里不仅有"塔莎奶奶"们，还有"塔莎爷爷""塔莎叔叔""塔莎大哥"，个个都非常勤劳。有一位大爷头一天傍晚我散步时候看到他在干活，第二天早上我们见到他还是在干活。还看到一位大叔正在给院子里的树修剪造型，一只大白狗在树下警惕地盯着我们的镜头。

斯洛文尼亚农民不辞劳苦地追求完美生活的精神真的让我有些感动。当然啦，也不能一天忙到头，美好生活也是要用来享受的啊！尤其是看着自己的劳动成果，院子里盛开的花儿，餐桌上自己种出的菜肴，是那么地满足享受！这一切的美丽都源于劳作。而我们这些远道而来的外乡人，除了一饱眼福，还有止不住的羡慕。

有种风景，只愿相望到地老天荒

图、文／Sofia

世界之大，好风景之多，穷尽一生的时间也无法阅遍。而有一些风景却让人忍不住一去再去，甚至置身其中时会让你忘记了外面的世界，只愿与之相对到地老天荒。

云不停地流，山的样子不停地变，天地间的色彩也变得越来越丰富，越来越明朗。终于那朵"莲花"隐约绽放在流动的云间

再约多洛米蒂

扳着指头数了一下，这是我第七次去意大利的多洛米蒂（DOLOMITI，又译白云石山）山区了，我在欧洲最大的滑雪场DOLOMITI SUPERSKI 见识过它冬季的冷艳，也在金色的落叶松林里领略过它秋日的绚烂，我曾徒步于它最具代表性的三奇峰（TRE CIME）下，也曾在它各个如镜的高山湖畔流连。可以说，我太知道它有多美，再美都无法令我感到惊奇了，但当大洋彼岸的上雪姐姐今年8月发邮件约我10月中旬在多洛米蒂相见的时候，我的内心几乎是毫不犹豫地就同意了。

约会的时间是10月的第三个周末。刚进山，车窗外红的红、黄的黄、绿的绿的，煞是好看，走了一阵，忽见前面山头的松林上白雪覆盖。啊，不会吧，说好来看秋色的，这就只能看冬景了？

拐几个弯上了山，世界好像用了图片编辑软件中的去色功能，从浓墨重彩变成空灵纯净。

约会地点在多洛米蒂中央地带的 COLFOSCO 村。2011 年11 月初的时候，我曾在村里的小教堂前拍过照片，那天秋高气爽，教堂后的山峰如莲花绽放，山下的落叶松林灿烂如金。

这次上雪订的小酒店就在教堂附近。不过我与这个教堂重逢时的第一眼，它是这样的。山，一半藏在了云中，莲花的花瓣不见了。除了几片艳黄的秋叶，天地间仿佛黑白水墨画。

等待云开雾散

　　第二天去徒步，完全就是走在一幅不断变幻的水墨画里。山谷里的云聚聚散散，眼前各个山峰，时而犹抱琵琶，时而杳无踪影，时而赫然突现。雪山上遇到一群当地特产黑眼镜羊，小模样极其温顺乖巧。据说每年只有10月份才能吃到这种羊，可这些羊的样子实在太萌了，让同行的腿叔对着它们郑重承诺那几天绝不吃羊肉。

　　第三天的早上天放晴了，但教堂后面的山只在浓雾中透出隐隐的一角。守在那里等云散，不想那云变化莫测，有一阵竟让山在眼前完全消失了。

　　虽不能看清它的全貌，此刻却更容易感觉到"山在那里"。云聚云散，仿佛只为衬托出山的巍峨。短短一天时间里，仿佛从冬天穿越回秋天，眼前的风景从水墨画变成了油画，山的面容更在云的配合下呈现出无数种状态。这样的变化过程容易让人对时间产生一种错觉，真有一种已相伴走过地老天荒的感觉。

　　第四天是个万里无云的大晴天。趁着一早霜满地时又到这个角度拍了一张，再迟几个小时的话，照片就会四年前那张几乎一样了，只是落叶松还没有那么黄。

屋顶上，草地上，甚至驴子的背上都铺了一层霜，在金色的晨曦中显得那么静，那么美

清晨，冰霜给落叶加上了花纹

除了造型独特的 ODLE 群峰， VAL DI FUNES 的草坡也是绝美。碧绿的草坡，色彩斑斓的树，加上星星点点精致的小木屋，合起来就是一个童话世界

还是那山那村

在把 COLFOSCO 村的天气预报所需要的图片都几乎拍尽了之后，大家决定转战 LA VILLA 村。

LA VILLA 村距离 COLFOSCO 只有 4 公里，上图是我 2011 年 11 月拍的，那次天天在村口这长凳上狂拍。说来有趣，秋季是 DOLOMITI 的淡季，很多旅馆和餐厅都不开门的。我们刚到那天，旅馆老板娘就要给我们介绍附近一家餐馆，她有家人在那里做厨师，说是又美味又实惠。她说："餐馆在 LA VILLA，车子开到前面大路口，向左拐，再一直往前就是了，很简单，你不会走错的。" 我说肯定错不了，我上次来就住 LA VILLA 村。老板娘打开谷歌地图："你看，这是 LA VILLA 的药房"，我接着说：

"药房前面是加油站对吧？" "对，餐厅就在加油站旁边。" "那餐厅的楼上是一家酒店吧？" "你好棒啊，怎么什么都知道？" 老板娘睁大了眼睛。我忍不住笑了出来："我上次来就住在那家酒店里！"

第二天徒步结束时，我就想带着上雪他们去看 LA VILLA 村口的迷人的草坡和那片被我称为"牛肉干"的山。没想到那天云太低太厚，居然那些山一点影子都没有，我只能挥着胳膊引导他们的想象力："那边，那边，就是草坡后面，是很大一片山。"

第三天再去，那些山终于证明它们的确存在了。虽然草坡上的秋色不如四年前的斑斓，但山上山下的云为此时的风景平添了戏剧性。不过，山那边云层翻滚着，那表明几里外的天气可不似这边风和日丽。

留在记忆中的山谷

我们再度上路，要翻过一个山口到风景最上相的 VAL DI FUNES 去。开着开着，又从蓝天白云变成雪花纷飞了。在漫天白雪中行驶在蜿蜒的山路上，来自四季如夏的南加利福尼亚的上雪和简娃两位姐姐变得有点紧张。一会儿阳光又出来了，山口上银装素裹很是迷人。然而翻过冰天雪地的山口继续前行，海拔逐渐减低，不知不觉中，窗外又是红的红、绿的绿了。

VAL DI FUNES 并不是 DOLOMITI 最著名的山谷，却是一条怎么拍怎么美的山谷。VAL DI FUNESD 的最东面就是奥德勒群峰（GRUPPO DELLE ODLE）。遇到一个穿短袖 T 恤的美国人，他说，他在那里整整等了两个小时才等到这山出现呢！看来我们运气太好了。除了造型独特的 ODLE 群峰，这里的草坡也是绝美，碧绿的草坡，色彩斑斓的树，加

上星星点点精致的小木屋，合起来就是一个童话世界。拍摄 ODLE 群峰的一个最经典的角度是从山谷里的 SANTA MADDALENA 村拍过去，把村里的小教堂也收入画面。后来我们也到了那个角度，只是山又羞涩地躲到云背后了，一直到日落也不肯再露真容。我们只好带着一丝遗憾收起相机。太阳完全落山之后，山却越来越清晰了，在渐浓的暮色里显得有些冷艳。

其实 DOLOMITI 的迷人之处绝不止那些明信片一样的风景。它的美食、它恬静优雅的村落，都让我无限沉醉。还有在清晨，屋顶上、草地上，甚至驴子的背上都铺了一层霜，在金色的晨曦中显得那么静，那么美。

就在那个清朗的早晨跟多洛米蒂说再见。在金色与雪白组成的夺目画面里出发，方向盘转过几次之后又进入冰天雪地的世界。再多转几次，多洛米蒂就留在身后了，也留在记忆里，留在梦里了。

三姑娘的四姑娘山游记
图、文 / @ 药草花园
——四姑娘山的野花之旅（上）

盛夏时节对于园艺爱好者是一段难熬的时光，但是这段时间到高原上看野花却是一件难得的美事。究竟美到什么程度呢？几乎我身边所有去过的人，都必然会上瘾，乐此不疲，以至于每年一到夏日就心绪躁动、不能自已，必须一走为快。

作者简介

@ 药草花园，本名周百黎，家住上海，喜欢香草，玫瑰，宿根和所有的花花草草。喜欢越过高山大海去看各种原生植物，也喜欢在人山人海里分享种花种草的经历。

时逢初夏，又到了做攻略、定行程的日子。今年就来写一写 2011 年我和另外两位姑娘去看四姑娘山的经历。

四姑娘山位于四川省小金县与汶川县交界处，由横断山脉中一列毗连的山峰组成，根据当地藏民的传说，是与魔王战斗而死的四位姑娘化身而成，因而得名四姑娘山。

四姑娘山景区四座山峰分别是大峰、二峰、三峰、四峰。这四座山峰巍峨高耸、顶部终年积雪，其中大峰特别适合登山训练，而四峰又名幺妹峰的则是登山高手们竞相挑战的对象。当然，对于普通游客以及花卉爱好者而言，在山脚下观赏美丽的风景和探寻花草也就足以眼花缭乱、惊喜不断。

目前四姑娘山已经开辟成景区，这意味着收取门票，但也会有相应的服务设施。景区常规路线分为三条，分别沿着三条沟展开，最成熟的那条沟叫做双桥沟，这里的特色是可以饱览雪山胜景，而且有观光车进入，适合行动能力弱的游客。游客最常去的叫做长坪沟，这条沟可以骑马和徒步进入，既能近距离接触高山植物，又不会太过远离尘世。第三条沟叫海子沟，这条沟是前往登山大本营的必经之路，行程长而艰苦，必须露营，但是相对前面两条沟有着更加自然的风貌。归纳说来就是驴友们常说的一句：美景和苦行同在。

出发在路上

经历了前日一场暴雨的洗礼，成都阴沉的天空目送我们出城踏上了成雅高速。本来，从成都到四姑娘山最近的路程是成都—都江堰—映秀—汶川，然后翻越巴朗山垭口到达四姑娘山脚下的日隆镇。然而近年来汶川一线的公路大约受了地震的影响，非常脆弱，三天两头就闹崩溃。我们出发前此路再次中断，使我们不得不转道绕行了雅安—宝兴这一大圈。

日隆是一个安静的小镇，并没有想象中的旅游景区的商业气息，在驴友中很有名的三嫂家住下后，我们认识了我们的向导李老师。第二天，我们才知道李老师虽然身为当地学校的数学老师，但可不是一位文弱书生。这位大叔虽然不显山不露水，看似矮小瘦弱，但在一路的默默无言中，让我们认识到他不仅脚力惊人，而且责任心也是满分。

从日隆镇徒步海子沟到达露营地的行程长达9个小时，因为在高海拔地区跋涉，路途显得格外漫长而辛苦。

好在一上路就看到漫山遍野的圆穗蓼，如同铺开了一张白花地毯，中间点缀着蓝紫色的紫菀、金黄色的毛茛，还有粉红、嫩黄、雪白等各色的马先蒿，真是名副其实的大场景！

因为海子沟路途长，容易迷路，而且露营携带的行李很多，为了安全起见，我们请了一位经验丰富的向导，并带了两匹马为我们托载行李。最后证明这个决定是非常正确的。

到达目的地

拍摄中，我们终于拖拖拉拉地到了前往大峰登山营地的路口。

在这里我们邂逅了第一朵全缘叶绿绒蒿、第一片高山龙胆和第一棵桃儿七。全缘叶绿绒蒿是唯一的黄色花绿绒蒿，也是最早开花的绿绒蒿，我们借着给它拍照，趁机跟李老师磨叽，要求休息。李老师严词拒绝不得，正在纠结，好在这时及时地来了一队来自日本的夕阳红登山队，对方满头的白发和矫健的精神让我们汗颜无比，本着为国争光的精神，

我们强打精神告别了绿绒蒿，继续前行。

此后不断邂逅大片的中国勿忘我，它天蓝的小花如烟如雾；攀沿在树丛中的洁白的美花铁线莲；以及金莲花、香青等各种美丽的高山植物，磨蹭到李老师快要抓狂时，总算在日落时分到达了目的地——花海子。

看到一块被一大片鹅黄色的锡金报春包围着的草地，听着远处牧民家归栏的牛铃声声，已经精疲力竭我们立刻决定，扎营地就在这里了！

行程攻略

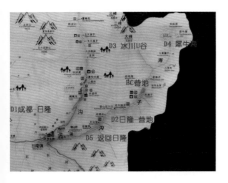

经过反复斟酌，最后我们选择了最美也是最艰难的那条沟——海子沟，制订了 6 日的出行计划。下面简单记述一下我们的攻略：

D1 成都—四姑娘山：包车，四人座越野车。住在四姑娘山脚下日隆镇。
D2 海子沟：从日隆镇徒步到达露营地，住帐篷。
D3 冰川 U 谷：从露营地出发到达冰川 U 谷后返回露营地，住帐篷。
D4 犀牛海：从露营地出发到达犀牛海后返回露营地，住帐篷。
D5 海子沟：从露营地出发徒步回到日隆镇
D6 四姑娘山—成都：包车，四人座越野车。住在四姑娘山脚下日隆镇。

欢迎光临花园时光系列书店

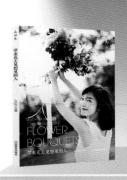    

中国林业出版社天猫旗舰店　　　　花园时光微店

扫描二维码了解更多花园时光系列图书

购书电话：010-83143594